设计心理学
精彩案例解析

李庆德　马凯　陈峰　编著

化学工业出版社
·北京·

本书以实例的形式，介绍了设计心理学在实际应用中的常用方法和技巧，并提供了对现代设计、人类行为、消费因素影响及社会等各个方面进行处理的一些有效方法、解决方案和精彩实例。本书共五章，它们分别是设计心理学概念、相关设计理论、心理、现象及设计应用。全书按循序渐进的过程来分类讲解，基本涉及生活中常见设计心理学知识范围内的处理及艺术设计，为设计艺术专业的学生和设计师提供了最贴身、最实用的设计心理处理技术及艺术设计方法的参考。

图书在版编目（CIP）数据

设计心理学精彩案例解析/李庆德，马凯，陈峰编著．—北京：化学工业出版社，2020.2（2022.9重印）

ISBN 978-7-122-36018-2

Ⅰ.①设…　Ⅱ.①李…　②马…　③陈…　Ⅲ.①工业设计-应用心理学-案例　Ⅳ.①TB47-05

中国版本图书馆 CIP 数据核字（2020）第 004304 号

责任编辑：邢　涛　　文字编辑：谢蓉蓉

责任校对：刘　颖　　装帧设计：韩　飞

出版发行：化学工业出版社（北京市东城区青年湖南街 13 号　邮政编码 100011）

印　　装：北京天宇星印刷厂

710mm×1000mm　1/16　印张 12¾　字数 210 千字　2022 年 9 月北京第 1 版第 2 次印刷

购书咨询：010-64518888　　售后服务：010-64518899

网　　址：http://www.cip.com.cn

凡购买本书，如有缺损质量问题，本社销售中心负责调换。

定　　价：68.00 元

前言

设计心理学形成于20世纪70年代，是近几十年来迅速发展起来的新兴边缘性学科，也是一门应用性学科。设计心理学既是心理学的一个重要分支，又是许多不同学科的总称，诸如关系学、设计认识学、设计美学等，都是其分支学科。这一新兴的、多学科的综合领域不仅涉及心理学、社会学与人类学，还涉及建筑学和广场设计，能够实际推进城市形态的研究。目前，这方面的文献已被较好地归纳、整理，建筑师、规划师、社会科学家可以从有关研究工作中得到关于感性认识、心理应力、私密性以及动力学等问题的丰富资料。

对于设计心理学的研究，一直以来都是以心理学领域和艺术设计学领域的理论研究为基础，设计元素的表现力、设计元素的人文特质、设计元素对人的生理和心理影响是研究的重点。设计兼具艺术、技术、市场及文化等多方面的特征，因此对设计心理学的研究也应该结合设计的多重特征进行研究。

遵循心理学理论研究与设计实践操作并重是本书的编写原则，由于设计心理学研究的多学科性、多定律性，建立一个完整的设计心理学研究体系就变得相当困难。我们针对全书的基本结构，进行了反复研究和论证，力求做到结构完整、合理。在内容编排上，既注重相关理论的层次性，又注重应用性，循序渐进、由浅入深地进行理论阐述。本书从多学科的角度为设计师和学习者提供基础理论及实践指导，既有宏观的理论阐述，也有具体的案例分析，能加深读者对设计心理学的认识，增强设计师从事设计工作时的主观判断力，从而更好地激发设计师设计的潜能。

本书在编写过程中得到了编者所在学校相关部门及领导的大力支持，再此深表谢意。同时要特别感谢在本书编写过程中给予大力支持的老师和同学们。由于编者水平所限，欠妥之处在所难免，恳请广大读者批评指正。

李庆德

2019年10月

目 录

5.8.5 嗅觉在服装设计中的应用 / 190

第 1 章　绪论

设计心理学产生于美国。布鲁斯威克（E. Brunswik）的知觉理论认为人们在构建设计时知觉起着积极作用，人们理解设计的感觉信息在很大程度上依赖于过去的经验，这一理论观点是当今阐述个体知觉设计信息过程的理论先导。心理学家勒温（K. Lewin）认为，个体内部对设计的表征是决定其在生活空间运动的关键因素，这种内部表征归根结底取决于个体对物理设计的知觉。总之，人类行为与物理设计之间有着紧密联系。这些观点为现代设计心理学理论观点的形成奠定了基础。

勒温的学生巴克（R. G. Barker）和赖特（H. Wright）于 1947 年创建了中西心理学田野研究站（The Midwest Psychological Field Station），专门用来研究真实世界对人类行为的影响。从研究中产生出生态心理学（Ecological Psychology），生态心理学是设计心理学的先导，它强调在自然情境中自然发生的行为，强调物理设计对人类行为的作用。

20 世纪 40 年代末，巴克等人在中西心理学田野研究站对自然定居点中居民的行为进行生态学研究之后，断断续续进行了一些理论研究；20 世纪 50 年代霍尔（E. Hall）从文化人类学角度对个体使用空间进行了研究；20 世纪 60 年代城市规划师林奇（K. Lynch）对城市表象和设计认知进行了研究。这些理论研究都为设计心理学的兴起开辟了道路。

1.1　设计心理学的基本概念

设计心理学是研究行为与人造和自然设计之间的相互联系，研究物理设计和人类行为及经验之间的相互关系，关注人与设计的相互作用和相互关系的学科。设计心理学更多地强调物理设计，还特别强调主体与设计作用的相互性。设计心理学有两个方面的研究目标：一方面强调人们是怎样受到设计影响的，另一方面关注人类对设计的影响和反应。

1.1.1 设计的内涵

在人与设计的相互关系中，人接近设计依靠的是自己的行为，并通过对设计的感觉，从设计中得到关于行为的有意义的信息，进而运用这一信息来决定其行为方式。因此，人们通过行为的实施来决定与设计的理想关系，设计心理学就是用心理学的方法来研究这种关系的科学。所以，设计心理学自产生之日起，不同学科专业的学者从各自学科概念出发，对“设计”的内涵各有不同的见解。心理学家强调的是引起心理反应的刺激特性，他们所关心的是形成人的知觉过程的心理学模式。

如今，设计心理学研究的大多是人居设计，包括：城市规划、楼房建筑、房间布局、户外设计等。另外，还存在着心理设计与物理设计的区别。所谓物理设计是独立于人的设计，即物质世界。所谓心理设计则是被人所知觉的设计，是被人所理解的设计，即心理世界。因此，心理设计会对人的心理行为产生十分重要的影响。当然，在人与设计的互动中，也强调设计对人的约束作用，人与设计是相互影响的。

设计中最不可缺少的部分其实是人，人对设计的心理感受和心理理解是整体性的，这种感受和理解既有物的因素，也有人的因素。所谓设计应该是包括在主体意象中的物与人的整体感觉。离开了人谈设计，设计是没有任何意义的。

1.1.2 人与设计的相互作用

（1）古代

在古代的时候，人类的自然主体性意识还没有形成，人类对于设计与人的关系这个问题上的认识是模糊的。人们并没有把人与设计很好地区分开来，而是把人看作设计的一部分。在那个时候，人们把所能感受的一切均认为是自我的一部分，或是设计的一部分，自我的界限是不清楚的。原因就是人的主体意识还没有建立起来。

（2）近代

到了近代，伴随着时间的推移和生产力的发展，人类改造自然的力量变得越来越强大了。人的主体意识也逐渐强化起来。于是，人类开始以自己的眼光重新打量这个世界，人类开始更加有力量去控制和改变这个世界，进而改变自己。这时候，人和设计之间就产生了微妙的变化，好像产生了一个界限。

（3）现代

在现代，人们希望能够与设计和谐相处，并尽快地处理好这一关系。当设计以主体的地位出现时，究竟是人类要去控制、改造设计，还是人类要去适应设计，成为人类面对的一个重要课题。

1.1.3 设计包含人

设计包含的不仅是人周围的花草树木、建筑布局、高山流水及人的行为等，而且人也是设计中不可缺少的一部分。同一个空间场地内，没有变化的是建筑布局、周围的景观、历史人文，但是，在这里的人不同了，人的心理情绪也不同了。因为，离开了这些人的因素，对设计的感受是完全不同的。

如果设计心理学的研究者们把人从设计中剔除出去进行研究，那么设计就只剩下了一些没有生命的东西。没有了人类的存在，设计就失去了灵性。

那么，为什么一定要把人看成是设计的一部分呢？那是因为在人对外界的感受中，对同类的感受要强于其他的事物。比如在一个房间里，自己一个人的感受和自己与他人在一起的感受是不一样的。虽然，人在大多时候都不会意识到这一点。但其实，他人的存在对一个人而言，其重要性是不言而喻的。

1.1.4 设计界限于人

“人与天地相参也，与日月相应也”“人以天地之气生，四时之法成”“人能应四时者，天地为之父母”等思想在中国的中医经典《黄帝内经》中有深刻而系统的表述。其主要理论就是强调：人与自然的和谐统一，人与社会的和谐统一。古人强调人与自然的和谐相处，往往把自我融入自然中去，融入设计中去。甚至能达到物我两忘、物我不分的境界。

有一种理论在设计心理学中被称为“个人空间”，是指闯入者不允许进入的环绕人体周围的有看不见的界限的一个区域。从这个定义我们可以看出，人与设计之间的界限确实是难以分清的。

1.2 设计心理学的研究对象

设计心理学主要研究的是设计与人的心理和行为之间的关系，这一研究对象应归属于应用社会心理学领域，这里所说的设计虽然也包括社会设计，但主要是指物理设计，包括噪声、空气质量、温度、建筑设计、个人空间等。设计心理学是从工程心理学或工效学发展而来的，工程心理学是研究人与工作、人与工具之间的关系，把这种关系推而广之，即成为人与设计之间的关系。

设计心理学之所以成为社会心理学的一个研究领域，是因为社会心理学研究社会设计中人的行为，而从系统的观点看，自然设计和社会设计是统一的，二者都对行为发生重要影响。

1.3 设计心理学的发展和存在的问题

1.3.1 设计心理学形成的社会背景

设计心理学的雏形产生于20世纪40年代后期，这段时期，一部分设计师反对单纯以样式为核心的设计，想要真正地为使用者设计，代表人物是美国建筑设计师格雷夫斯。他率先开始用诚实的态度来研究用户的需要，为人的需要设计，并开始有意识地将人机工程学运用到工业设计中。

格雷夫斯1951年出版了《为人民设计》一书，介绍了设计流程、材料、制造、分销以及科学中的艺术等。对他而言，设计师不仅是将美学运用到产品的表面，设计工作应从内至外，而非从外至内。这本书中的第二章介绍了人体测量和人机工程学研究，提出人与人的体型和尺度存在差异；在第四章中，他提出一种可用性测试，以了解设计的产品如何表现。格雷夫斯的测试不同于一般人机工程师的测试，没有复杂的测试流程，他只是想看看人们是如何看待他的设计，如何理解其工作模式，或者设计的哪些方面难以理解，以便修正。他认为过于正式的测试使人感觉紧张而不可能得到与真实场景类似的结果，而通过询问（焦点小组）可能会获得被误导的答案，因为被试者可能会说出你希望的答案，因此测试应使被测者尽可能自然。他认为观察法，特别是使用情境下的观察非常重要。他还在书中列举了如何设计测试环境，比如他模拟了一个客机内部舱位，让“乘客”待10多个小时（这是那时一个远洋飞机通常航行的时间），以检验人在这一空间中的活动。在接下来的几个章节中，他利用实例介绍如何在设计中运用人机工程学提高产品可用性，例如，针对老年人设计电话时，应该考虑到他们难以阅读细小的数字，或者设计飞机场座椅时，应适应不同人身形的需要。除了可用性以外，他还提出设计师应考虑时尚对于设计的影响，一个最有趣的观点就是所谓的“残余造型”，即设计师应将“旧”与“新”混合起来，所谓的“新”应是“新的和改进的”。虽然格雷夫斯没有在书中明确提出所谓的“设计心理学”，可是书中的许多内容都紧密围绕用户心理研究展开，他的设计不仅应作为“人性化设计”的先驱，同时其针对用户心理的研究也应作为设计心理学研究的先行之作。

20 世纪 60 年代以后，与设计心理学相关的消费心理学、广告心理学、工业心理学和人机工程学研究都取得了巨大发展。主要表现在：①实证研究越来越多，并且与生产和消费的实践结合也日趋紧密。产品开发的市场调研、前期的用户研究、广告效果分析和测试、产品测试都已成为大型制造公司进行产品研发的必备环节。②研究领域越来越广，研究课题划分越来越细。信息技术的快速发展使人与计算机（包括以计算机为核心的其他数码产品）对话成为最重要的人机系统研究命题，界面控制普遍应用于生产、办公、生活的各个方面，人机界面设计成为目前工业心理学、人机工程学最重要的研究领域。③研究方法、手段越来越丰富，并且越来越先进。传统研究中的调查法、问卷法、实验法、访谈法仍是主要手段，但许多现代电子、数字技术设备被加入研究方法中，例如焦点小组开始使用双面镜、录音录像设备等。研究结果分析方面，从其他学科中借鉴而来的方法被采用，例如从传播学、语言学中借鉴的语义分析法等。此外，一些新的研究方法也被广泛采用，特别是借助仪器作为工具研究成为一种潮流，包括眼动仪、心电图、脑电波分析仪、速示器、虚拟现实设备等。

20 世纪 60 年代末到 70 年代，美国出现了一系列迫切需要解决的社会问题，一贯依赖于人为创设的实验室研究的心理学家对于突然出现的复杂问题束手无策。社会变化带来的强大压力要求放宽严格的传统实验方法，这为设计心理学的出现做好了准备。设计心理学这一领域更加折中，与理论的联系不是很严格，具有跨学科的特点。因此，第一批设计心理学家结合社会心理学和灵活的方法来了解社会问题。20 世纪 60 年代科学家对人类的生态设计产生了特别的兴趣，心理学家更加重视设计对个体心理行为的影响，纷纷研究与设计心理学有关的课题。至此，设计心理学作为一个确定的研究领域出现。

20 世纪 80 年代，在日本出现了另外一门新型学科，称为感性工学，即一种将顾客的感受和意向转化为设计要素的翻译技术。感性工学结合了设计科学、心理学、认知科学、人机工程学、工程学、运动生理学等人文科学和自然科学的诸多领域的知识，试图以定量分析的方式来理性地研究设计中的感性问题，借以发展新一代的设计技术和产品。目前感性工学的研究包括两个方面：一是长町三生等提出的“将人们的想象及感性等心愿，翻译成物理性的设计要素，具体进行开发设计……”具体而言就是通过收集用户对产品的感性评价建立以计算机为基础的感性数据库和计算机推理系统，以辅助设计师设计或帮助顾客做出符合自己意愿的选择。二是与生物学结合的研究方式，以心脑科学的研究为主要趋向和基点，代表人物是筑波大学的原田昭教授，他自1997年起，致力于通过照相机、摄像机、计算机、机器人等装置记录和实验，描述人在艺术欣赏过程中的行为特征，将感性的艺术品欣赏变成了可测量的、数字化的结果，使感性的东西转化为一种可测量的理性结果。

近年来，设计心理学发展历程中还有两位重要的人物，他们同为美国认知科学家，一位是多才多艺、曾获得诺贝尔经济学奖的赫伯特•西蒙，另外一位是最早运用认知心理学知识解决产品可用性问题的唐纳德•诺曼。1969年赫伯特•西蒙发表了现代设计学中最重要的著作之一——《人工科学》，他的思想核心就在于所谓的“有限理性说”和“满意理论”，即认为人的认知能力（信息处理能力）具有限度，人不可能达到最优选择，而只能“寻求满意”。他认为：“设计是一种方案的筛选过程，人们根据复杂的环境要素进行优化计算，做出合理选择。”他甚至为设计风格差异的产生找到了一个极为科学的解释，认为这是由于设计过程的差异所导致的，他将复杂的设计思维活动划分为问题的求解活动，其理论为人工智能、智能化设计、机器人等研究领域提供了重要依据。

美国西北大学计算机技术系教授，认知科学和心理学家唐纳德•诺曼对现代设计心理学以及可用性工程做出了最杰出的贡献。20世纪80年代他撰

写了 *The Design of Everyday Things*(《设计心理学》)成为可用性设计的先声，他在书的序言中写到："本书侧重于研究如何使产品的设计符合用户的需要。"重点在于研究如何设计出用户看得懂、知道怎么用的产品，这简直就是"可用性工程"的定义。

他将认知原理应用于日常生活中，以提高产品的可用性，降低因物品而导致的错误和事故的发生率，以改善人们日常生活的质量。诺曼虽然率先关注产品的可用性，但他同时提出不能因为追求产品的易用性而牺牲艺术美，他认为设计师应设计出"既具有创造性又好用，既具美感又运转良好的产品"。2004年，他又发表了第二本设计心理学方面的著作——*Emotional Design*（《情感设计》），这次，他将注意力转向了设计中最为神秘，但最重要的内容——情感和情绪。作为一名认知心理学家，他仍旧运用认知心理学原理解释情感对用户（或消费者）的作用，以及其产生的生理、心理方面的原因，他根据人脑信息加工的三种水平，将人们对于产品的情感体验从低级到高级分为三个阶段：内脏控制阶段、行为的阶段以及反思的阶段。其中内脏控制阶段是人类的一种本能的、生物性的反应；而反思阶段则是有高级思维活动参与，以记忆、经验等控制的反应；而行为阶段则介于两者之间。他提出三种阶段对应设计的三个方面，其中内脏控制阶段对应"外形"；行为阶段对应"使用的乐趣和效率"；反思阶段对应"自我形象、个人满意度、记忆"。

1.3.2 设计心理学在中国的发展历程

设计心理学在中国的发展要大大晚于其他国家。20世纪70年代初有学者编译设计心理学著作，我国开始对设计心理学有所涉猎，80年代有一些设计心理学学者初步对设计心理学进行了相应的研究，但一直到90年代，关于设计心理学研究的成果才陆续出现。

目前国内的设计艺术心理学才刚刚起步，以往该方面的研究以及院校中所传授的知识主要以美学中的审美经验或者消费心理学中的相关内容为主，理论研究基础薄弱，还没有明显的学科框架。例如，用户心理研究中就存在两种截然不同的研究取向，一部分学者倾向研究艺术设计作为审美对象所具有的审美价值，或者从意味和趣味的角度出发，将设计作为社会、文化心理的表现展开分析；另一部分学者则倾向于从用户使用过程中的生理、心理行为着手，研究如何利用这些心理规律设计的使用功能。这两个方面显然都是用户心理研究中非常重要的方面，但很少有人将两者结合起来加以分析研究，并找到两者之间的相互联系。

现有设计艺术心理学知识一部分来自其他领域专家学者的研究探索，例如认知心理学、工业心理学或是美学等，但这些与艺术设计结合不够紧密，针对性不强；另一部分来自设计者在调研、设计、销售等实践环节中自发产生的经验，例如对设计中的心理现象的一般总结等，但缺乏严谨的心理学理论作为基础，内容往往停留在理性层次，缺乏内在机制的分析以及归纳、演绎的加工。

1.3.3 设计心理学在中国的研究现状

设计心理学图书以20世纪90年代后出版的居多，主要是建筑行业学者著书，心理学学者著书相对少。另外，还有一些设计心理学的日文和英文书籍的翻译版出版。关于设计心理学方面的高等学校艺术设计类的教材几乎没有。

据统计，从1984年到2005年，国内共有180多篇设计心理学相关研究成果、探索性文章、学科理论或研究动态的文章。平均每年8篇左右，平均每月大约0.7篇。由此可以看出，从学科产生到现在，我国学者对设计心理学的研究极其少。1979年至1983年间发表文章数为零。20世纪80年代平均每年约发表1篇；90年代发表62篇，平均每年约6篇；2000年至2005年发表119篇论文，平均每年发表约20篇，这6年发表的文章数比之前十几年的发表总数都多。这反映了设计心理学的研究在我国逐步受到重视。

（1）我国设计心理学的研究内容

国外的设计心理学研究相对成熟，荷兰心理学家Charles Vlek总结了当前世界范围内设计心理学的研究主要围绕以下六个方面展开。

① 人对设计的知觉、认识和评价；

② 设计危险知觉、压力和生活质量；

③ 设计研究中的认知、动机和社会因素；

④ 可持续发展行为、生活方式和组织文化；

⑤ 改变非可持续发展行为模式的方式和方法；

⑥ 支持设计政策的形成和做出决策。

我国设计心理学研究主要关注以下几个方面。

① 设计心理学应用于设计。主要是在进行建筑设计、室内设计时，从满足人的心理角度出发，运用设计心理学的理论，完善设计成果。

② 潜在设计影响。潜在设计影响是指潜在设计下人的行为表现以及对人的影响。比如物理设计中的非视觉因素（气候、高度、温度、光线、颜色和噪声等）对人的影响。

③ 不同类型设计的心理效应。研究人类的设计类型，不同的自然设计、工作设计、学习设计和居住设计对个体心理和行为的影响。

④ 设计认知。研究对设计的直觉和认识，包括设计信息的获得、对潜在设计的知觉、影响设计知觉的因素、认知地图、城市和建筑物的表象等。

⑤ 学科探讨。主要是国内外研究介绍、学科问题讨论、研究方法、设计心理学与其他学科的关系、学科趋势等。

⑥ 设计问题的心理效应。主要研究存在设计问题时，人的心理状态反应及设计问题对人的心理和行为的影响。

⑦ 设计问题的行为对策。研究行为技术干预设计问题。

⑧ 空间行为。研究空间行为和设计的易识别性，空间的生气感和舒适感，空间的私密性和公共性，空间的使用方式，特别是建筑和布局方式对个体人际关系与交往方式的影响。

⑨ 设计应激。研究设计应激对人的心理、行为和健康的影响。即研究个体在生理或心理上感受到威胁，处于紧张状态时，人的心理、行为和健康反应。

⑩ 个人空间。研究个人空间的形式、功能和测量、人与人之间的距离，影响个人空间的因素，个人空间的使用与侵犯。

⑪ 领域性。研究领域性的控制与组织，人类的领域性行为。

以上关注点中得到较多研究的内容分别是：设计心理学应用于设计，潜在设计影响，不同类型设计的心理效应，设计认知，学科探讨。较少研究的内容是：个人空间，设计应激，设计问题行为对策，空间行为，设计问题的心理效应。目前国内设计心理学的研究对所用术语和概念的界定缺乏一致性，缺乏理论的构建，学习相对多，创新少，基本上处在引入介绍阶段，没有开展实际研究工作。

（2）我国设计心理学的科学研究机构

目前尚无设计心理学的专门研究机构，大学里也没有设计心理学系。部分大学中设有设计心理学的选修课程，比如，北京大学、北京林业大学。

1.3.4 设计心理学方面的相关问题

目前设计心理学在我国是一门新兴的学科，研究不足，处于引入状态。设计心理学方面的相关问题主要从以下三个方面说明。

（1）研究成果少

主要表现在发表的书籍和论文比较少。

（2）研究深度不够

目前设计心理学偏重于研究人为设计，如建筑物和城市对人们心理和行为的影响，多数文章内容表示设计因子对人的心理、生理、行为有一定的影响，指出了设计中设计心理学的重要性，但对设计如何具体影响人缺乏研究，即主要是定性研究，研究深度不够，而且多为定义描述、介绍性文献，缺乏理论的建构，罕见独立的研究成果。

（3）研究与心理学联系不够紧密

目前的设计心理学与城市规划及建筑设计联系更为紧密，而非心理学，这与设计心理学主要研究“人和设计的相互作用和关系”还有较大差距。虽然当前设计心理学的研究尚存在不足，但是我们还是欣喜地看到，各界对设计心理学的关注愈来愈多，相关研究愈来愈多。人不能脱离设计而存在，设计与我们的身心密切相关，设计心理学渗透在我们生活的方方面面。

1.4 设计的心理功能

从设计心理学上讲，设计是一个层次多、范围广的大系统，包括四个层次：①自然设计；②人；③内化层次，是对自然设计的认知，是人精神、心理上的要素，包括风俗习惯、伦理道德、宗教信仰、社会意义及其构成等；④外化层次，是对自然设计的改造，目的是满足物质与精神、生理和心理需求，包括自然、城市及建筑在内的一切技术和艺术成果。这是设计系统中的最高层次，也是研究的目的。同样，在居住设计这样一个系统中，自然设计满足人的基本生活固然重要，但居住设计的内化层次因社会发展而充实，因观念变化而更新，并将导致整个系统的提升甚至变革。因此，居住区规划在很大程度上是研究居住设计如何适应人的需求，即以设计的内化层次——人的心理精神需要为出发点，进行规划设计与创作，营造新型居住设计。具体分析可概括为居住设计的安全性、社区性和美感性三个方面。

1.4.1 安全性功能

人有一半左右的时间在家度过，居住设计安全与否，会对人的心理产生极大影响。

(1) 居住空间的领域感

居住空间是人类得以生存的空间，斯蒂（D. Stea）将空间领域按社会组织结构分为三个层次：①领域单元，即个体空间；②领域组团，即个体空间之间进行交往的通道；③领域群，即领域组团的集合。

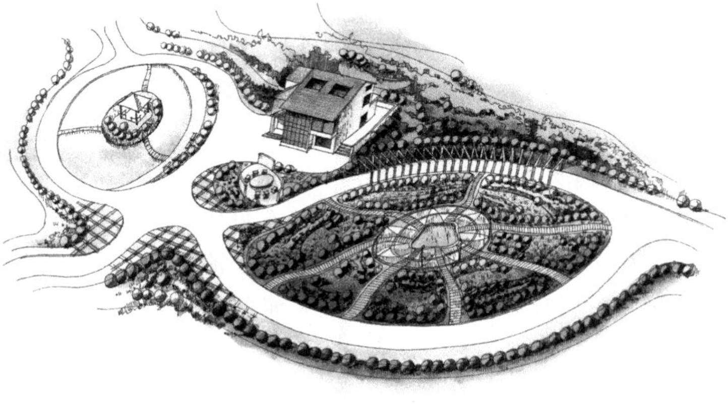

对应居住区，其空间领域由低到高可分为住宅楼、院落、组团和小区四个层次，空间由私密到开放、尺度由小到大。具体的表现是：

① 各领域的归属性明确，归占有该领域的部分居民使用或所有。

② 各领域要体现出内聚性，按照各个领域层次分级多中心设计。

③ 各领域要有明确的出入口。小区入口、组团入口、住宅楼入口甚至住户入口都是不容忽视的。

④ 各领域要有可识别性。例如各组团墙面采用不同色彩、不同雕饰等。

领域属性的明确，利于住户对空间产生领域感与归属感。同时它体现了空间领域层次的渐进，从小区公共空间→组团半公共空间→院落半私有空间→住户私有空间，领域层次越深入，安全感就越强。领域层次越完整，特征越清晰，人们对居住区的认同感和归属感就越强。

（2）居住空间的私密感

人与人之间既需交往，又希望尊重和保护个人隐私。因而，居住区规划要重视个人空间的营造。就室内而言，住宅设计要以功能分区为标准划分空间，做到公私、动静、居寝分离。

（3）居住区的安全设施与管理

① 内在的安全管理体系。人们曾认为，封闭的居住区是安全的。然而，近年来的事实证明，居住区的安全程度其实与封闭程度并无必然联系。深入分析居住心理时发现：居民交往不仅限于居住区内部，而且是多方位和广泛的。有些学者提出非封闭式的居住区更利于与城市生活的交融，认为被动的治安管理模式和轻松的居家氛围是相违背的。基于这一趋势，笔者认为，居住区内在的安全管理尤为重要。无论封闭或开放的程度如何，小范围的单元式封闭管理依然十分必要，同时还要结合先进高效的智能信息系统，来监控、限制不良行为。居住区越开放，智能信息系统的作用也越大。此外，夜间居住区的亮化也很必要。

② 交通系统的安全。目前，私家车拥有量大幅上升，带来了居住区内交通系统“人车共存”的现象。如何引导车流、降低车速以保证行人的人身安全成为必须解决的问题。路面减速的细部构件设计是解决方法之一。

1.4.2 社区性功能

在住房实物分配制度下，城市居住区人口构成方式显示出地域性或单位组织性。相同的地域和单位使居民相互熟悉，易于沟通。加之人均居住面积少，聚居密度大，空间尺度较小，增进了邻里交往的亲切感，人们自然就产生了归属感。

然而，市场机制的引入使住房制度产生了深刻变革。相同收入阶层的居民通过购买商品房而聚居，因缺乏了解而心存戒备，邻里关系十分淡漠，人们普遍感到孤独，不利于建立社区性。因此，如何建立合理的人群结构关系、如何促进邻里交往是至关重要的。

（1）聚居人群的构成方式

一种思路是通过不同的居住文化，创造出独特的地域设计特色，建立主题社区，吸引具有类似文化体验和感受的人群聚居。相似的文化背景和对居住区特色的同样赏识成为发展邻里关系的基础，有利于居民产生较强的社区归属感。

另一种思路是在同质聚居的基础上适当配合其他阶层的混合聚居模式。因为，随着社会分工的细化，社会各阶层间的依赖性逐渐加大，让收入差距大的富人和穷人成为邻居，利于形成多元文化的交流和补充、保持社区活力、完善社区自身服务体系、建立良性的邻里交往关系，更利于社会的稳定和城市的可持续发展。因而，在设计时要考虑多种户型，供不同收入阶层的人群挑选。

(2) 邻里交往

邻里交往在人们生活中是不可缺少的。它一方面表现出了居住区居民的邻近性；另一方面表现了一种特殊的社会关系，即建立在地域邻近性基础上的面对面地接触。

① 交往空间与尺度。丰富交往空间的层次，自外而内、由大到小形成公共—半公共—半私密—私密的空间领域层次，便于居民随时走出家庭空间。利于交往的场所能加强个体、群体之间的交流，扩大对居住区设计的认同感。例如居住区中心公共活动场所、组团内部的绿地空间、宅旁的空地、街道空间都是不同层次的交往空间。此外，有效的组织住宅内部的半公共空间，拓宽走廊，配以植物、座椅，高层住宅每隔2～4层设置一个空中回廊，使楼梯和走廊构成富有变化的生活、交往空间。此外，适于邻里交往的空间要有宜人的尺度，这有利于形成人与人之间的亲切感。

② 交往活动与功能设置。邻里交往活动不仅限于交谈，还可以配建适当的服务设施，引入健身、棋牌、儿童游戏、集会等功能，将闲暇居民聚在一起，促进他们相互交往和沟通，更利于建立社区性。

1.4.3 美感性功能

“美”源于自然，以一定的形式表现出来，在人的心灵深处产生共鸣和美的体验。可见，经济的发展、生活水平和质量的提高，促进了人们对于居住设计“美”的追求。

(1) 生态美

生态美强调居住设计的自然属性，满足人们回归自然、亲近自然的愿望。宜人的设计空间、近人的尺度、可达的自然景观空间，都会体现出居家的亲切氛围。这是因为：人类源于自然，在长期适应地球生活的过程中，产生了原始自然情结，并具有稳定性、不变性和永恒性。生态美的评价标准可以概括为“融”与“生”，这也是居住区规划中必须遵循的原则。所谓“融”，是指人工设计（建筑和人造景观）要融于而不是征服自然，符合生态的原则。例如建筑要适应地形与当地气候条件。所谓“生”，是指设计不单可以改造自然，还使设计及其生态要素（如植物和水）在整体上和谐、平衡的发展，综合考虑景观、技术、生态、经济实用性以及社会心理等因素。设计要适应当地的地域背景，便于科学维护，使设计具有持久的生命力，使居民感受到持续的美。

（2） 形式美

形式美主要体现在建筑单体与群体的造型上。建筑单体以一定的组合秩序达到视觉的平衡，同时又强调体型的变化和对比，加大对人们视觉的刺激量，从而创造出丰富多彩的视觉效果。首先，在总体布局上，从整体上把握居住区的空间形态，利用单元层数的高低错落、平面的进退，取得空间的围合感与形体的变换。其次，在立面造型上，要抓住处理的重点，如阳台、楼梯间出入口、屋顶等。重复的阳台极易产生秩序和韵律感，但局部的变化也很重要。

此外，色彩是住宅造型中最富创造气氛和传达情感的要素，利用色彩的视错觉，可弥补造型中的不利因素，纯化建筑构图，创造建筑个性。当前，人们更偏好淡雅的色调。

（3） 意境与风格

居住设计的美感不仅包括表层视觉形式美的因素，还包括更深的层次，即从这些表层因素中感受到某种意境与风格。格式塔心理学认为，每一种心理现象都是一个格式塔，是一个被分离的整体，整体先于部分存在并制约着部分的性质和意义，应从整体出发来理解部分的存在。在设计前，首先要了解当地建筑文化背景和入住人群的特点，将居住区定位，进而考虑其风格；然后，紧扣主题风格，构思设计理念。大到总体布局，小到细部处理，都体现同一个主题，形成独特的意境与风格。身在其中的人就会感受到它的内涵，体会它的意境美，满足高境界的精神需求。

总之，居住设计作为一个多层次的大系统，它是开放和动态的。随着社会的进步，人们对于居住设计的精神和心理功能有着不断拓展的丰富内涵，并且永无止境，这将不断赋予居住区规划新的理念。但无论怎样，从系统的内化层次出发，分析变化着的因素，营造适合于人们心理需求功能的居住设计，始终都能达到一种新的平衡。这为设计师们提供了切实可行的、全面科学的思维方法和设计方法。

1.5 设计心理学的特征、宗旨及任务

1.5.1 设计心理学的特征

新世纪的人类社会纷繁复杂，众多自然和社会因素变化不穷。因此，经过很多的学术研究与学科积累，设计心理学的特征日益明显起来，主要表现在以下几个方面。

① 设计心理学将设计、行为及其关系作为一个单元整体来研究。

② 设计心理学的研究是问题的指向。不仅要寻求问题的解决方法，也要力求寻找问题背后的规律性，总结出理解相似问题的理论框架。

③ 设计心理学是一门交叉学科，它的研究成员主体是社会心理学家。

④ 从方法学的角度来说，设计心理学家采用综合和折中方法进行研究，而且由于设计心理学研究的自变量，往往是其他学科研究中需要控制和消除的“设计”，因此，除常规的研究方法外，还需要有一些特殊方法。

现今，这些特征将直接指导我国设计心理学的发展及方向，是我们在未来的设计心理学领域里研究的主要内容和基本的出发点与落脚点。同时也规定了设计心理学的学科宗旨与学科任务。

1.5.2 设计心理学的宗旨

设计心理学通过对人的设计行为的研究，加深人们对设计问题的分析、

管理和调控。设计心理学所研究问题的现实性和可操作性很强。实现设计心理学应有的学术价值，需要设计心理学家有多领域的相关知识，一方面需要扎实的心理学知识和技能，不仅要求心理学家掌握社会心理学和行为分析的概念，也需要掌握消费、管理、组织等心理学的概念；另一方面，心理学家需要跨出心理学，熟悉和掌握设计问题相关领域的多方面理论、概念和知识，扩大自己的理论视野、思维方式和方法论原则。这是设计心理学的必然趋势和未来发展所提出的现实要求。

实现设计心理学应有的学术价值，也需要设计心理学改变人类中心主义和技术乐观主义的现状。以往设计心理学研究隐含了一个理论预设，即个体与设计相分离，坚持人类中心主义的意识形态。这与西方认识论长期坚持主客二分，价值取向上又崇尚人的理性，认为人凌驾于自然之上有一定关系。当今设计心理学研究急切需要贯彻人和自然是和谐统一体的理论思维和价值取向。在这方面，东方思想特别是中国传统哲学“天人合一”思想有着巨大的理论价值和现实意义。另外，设计心理学需要克服技术至上的思想倾向，设计问题不单单是一个技术层面上的问题，从技术工程学、物理学和化学等领域中寻求解决途径和办法固然重要，但社会科学对解决设计问题同样肩负重大责任。心理学家应该勇于挑战这一现状，充分挖掘心理学在设计问题的分析与解决上的潜在作用。

1.5.3 设计心理学的任务

(1) 设计心理学的理论建构

当今社会的变化对设计心理学提出了时代要求，既给设计心理学提供了研究的问题和空间，又刺激设计心理学进行理论建构。设计心理学需要改变基本理论薄弱的现状，从学科形象的模糊转向学科形象的清晰。

如今，设计心理学研究的国际化趋势显著增强。设计心理学经过几十年的发展，虽然提出了一些理论模式，并应用到设计问题的分析上了，但是与其他心理学分支，如社会心理学、人格心理学、发展心理学、学习心理学、健康心理学、认知心理学等相比较起来，设计心理学却相形见绌，相关理论的系统化和整合还需要进一步加强。自从设计心理学出现以来，它还没有达到与社会、人格、学习或认知心理学相提并论的水平。在实际研究中存在大量理论与方法的脱节，理论与资料的分离，导致在具体的实证研究中出现非理论的取向，自觉或不自觉地放弃了具体研究应有的理论负荷或者理论建设的任务，使得后续研究极可能丧失研究原有的价值和意义，限制了研究成果可能有的学术影响和实际应用。

当前，设计心理学理论建构的重点在于对人与设计的互动进行理论化，需要避免像以往那样只是从其他心理学分支借用甚至套用现成的理论模式。研究者必须清楚关于人的行为模式等的内在预设以及研究问题的选择、术语、资料收集方法、方法论和分析技术。在设计心理学进行理论建构的时候，无法回避来自两方面的挑战：一是目前整个心理学的发展都存在理论建构上的不足，即处于理论心理学“失落”的时代；二是设计心理学自身多学科或者跨学科的特性，使得其建立宏观的理论较为困难，需要心理学家做出长期的努力。

（2）设计心理学的方法论

从现实情况看，设计心理学家已经做了大量的研究工作，应该肯定他们取得的成绩。但是需要清醒认识到的是，以往设计心理学研究的方法论存在几方面的缺陷：一是重复性研究多，创新性研究少；二是单一性研究多，跨学科研究少；三是封闭性研究多，开放性研究少。

目前整体设计心理学的研究对人与多种设计条件的互动考察得还不深入，也不全面，有待探索的研究空间很大，并没有实现早期设计心理学应运而生时人们对设计心理学抱有的极大信任和期望。其次，可以说以往设计心理学研究没有充分体现跨学科研究的特点，没有充分发挥多学科研究的优势。

设计心理学的研究必须是多学科之间的研究，第一，因为人与设计的关系不仅需要从自然的、技术的层面上考虑，还需要从行为的层面上进行考虑。第二，人的活动不仅具有个体层面上的意义，还具有社区的、组织的、政治和经济制度等层面上的意义。第三，当代设计心理学研究不仅在个体水平上，还应该在区域性社会组织和文化水平上考虑人与设计的互动。在更开阔的视野上辨别和研究设计问题的心理学问题、概念、模式和研究方法，创造多学科的“思想合作”和“研究梯队”，强调跨范式研究。

（3）设计心理学的重要研究领域

当代设计心理学的热点研究集中在新的形势下出现的新的设计条件和因素上，如城市化进程不断推进、电子信息技术广泛渗透、社会人口日益老龄化等对人的心理和行为造成的影响。互联网设计心理学研究、社区设计心理学研究等专门领域越来越引起设计心理学家的兴趣。

① 互联网设计心理学研究。信息科学领域在20世纪后20年发生了两次“革命”，一次是“台式计算机革命”：20世纪80年代以后台式计算机开始普及，大量进入人们的日常生活、工作和学习中；另一次就是20世纪90年代的“互联网革命”。互联网设计心理是当今设计心理学发展的一个热点，许多心理学家对互联网时代设计和行为的理论问题与实证研究表现出极大的兴趣。互联网对人们生活的渗透，既给设计心理学家带来全新的研究课题，又使得设计心理学家重新审视传统理论，不少传统理论的内容面临冲击，甚至被颠覆。

② 社区设计心理学研究。现代社会人们追求有质量的生活，而科学、健康、合理的居住设计是追求有质量的生活的重要前提。人们要求社区居住、生活和休闲等场所的设计、规划和运行能体现以人为本的理念，社区休闲设施能够缓解和释放居民生活压力，社区健康保障与医疗机构能够预防和诊治居民身心疾病，社区房屋建筑能够保护居民生活隐私，全面提高公众居住水平和利于公众身心健康。人们越来越注意到发展更全面的针对社区规划和改善健康的设计心理学研究的重要性。可以说这方面的研究工作将构成未来几十年设计心理学的主流任务。

③ 休闲设计心理学研究。休闲是社会生活的一部分，也是生活质量中的一个积极因素，与人们的生活息息相关。休闲作为见证社会变化的一个载体和象征，已经成为社会发展和文化生活中的重要议题。任何社会类型中的人们都不可能脱离休闲而生活，只是因为各自时代发展水平的不同，人们休闲的思想、方式和程度才有明显差异。休闲不仅对人们的身心健康、工作与学习效率、家庭和谐与幸福大有裨益，而且对整个社会的经济、文化和政治发展有着深远影响。

在现代社会，生活节奏加快、竞争加剧、知识更新加速，人们不仅致力于通过从事的工作，也通过他们的休闲来追求个人成长和自我实现，休闲越来越成为个体自我同一性中的重要组成部分。人们前所未有地表现出对健全人格的追求，对个性生活的崇尚，对自我实现的渴望。人们对休闲的认识日益成熟，越来越重视休闲在生活中的重要作用，人们比以往享受和利用更多的休闲机会，要求接受更高质量的休闲服务，同时更加普遍地认同休闲体验的丰富性，尊重休闲形式、选择、场合以及时间的多元化。社会的深刻变革使休闲研究的具体问题凸显出时代性。比如，从工作、家庭与休闲的角度看，传统工作模式的动摇，家庭结构和规模的变化，女性受教育程度的提高及大量进入劳动力市场，都需要我们重新考虑工作与休闲、家庭与休闲、经济收入与休闲、性别与休闲等种种问题。从文化、卫生与休闲的角度看，日益增多的国际、区域性文化交流，迅捷的文化信息传递，健康生活理念与方式的普及，生命周期的延长，特殊群体的权益保护等都将作为影响休闲的重要社会背景，推进人们对休闲的全面理解。从环境、生态与休闲的角度看，工业社会带来的污染、能源危机以及人口膨胀，使得我们需要认真考虑休闲资源的开发、管理与设计之间的关系，休闲的个人自由和公共利益的冲突等问题。

通过本章五个方面的延展学习，我们知道了设计心理学的理论知识及研究范围，了解到成功有效的设计案例必须是创作者在深入设计心理学、结合市场与销售现状的前提下，经过辛勤努力和灵感设计的结晶。在这里需要说明的是，优秀的设计作品，在创作方法上往往有多种特点，是设计心理学相关知识的有机结合，是心理学设计方法共同使用的产物。在具体的创作中，要注意灵活把握，综合运用，再结合自己的经验总结出极其有效的创作方法。运用好心理学设计方法可以为设计创作提供更广阔的空间。

习　题

1. 填空题

(1) 在人与设计的相互关系中，人接近设计依靠的是______，并通过对设计的觉察，从设计中得到关于______的有意义的信息，进而运用这一信息来决定其______。因此，人们通过______来决定与设计的理想关系，“设计心理学”就是用心理学的方法来研究这种关系的科学。

(2) 设计心理学之所以成为社会心理学的一个应用研究领域，是因为______研究社会设计中的人的行为，而从系统的观点看，______和______是统一的，二者都对行为产生重要影响。

(3) 当前世界范围内设计心理学的研究主要围绕六个方面展开，即______，______，______，______，______，______。

（4）实现设计心理学应有的学术价值，也需要设计心理学改变________和________的现状。

2. 选择题

（1）________是研究行为与人造和自然设计之间的相互联系，研究物理设计和人类行为及经验之间的相互关系，关注人与设计的相互作用和相互关系的学科。

A. 设计心理学　B. 设计行为学　C. 设计学　D. 设计美学

（2）设计心理学更多地强调________，还特别强调主体与设计作用的相互性。

A. 现代设计　B. 物理设计　C. 心理设计　D. 实体设计

（3）下面哪些研究的问题已经很好地体现了设计心理学的学科特征？

A. 温度、湿度、风甚至空气中的离子如何影响人类的生活？

B. 家具和办公设计的特征怎样影响人类的行为？

C. 如何阻止设计灾难和技术灾难的发生并减少它们对人类行为的影响？

D. 怎样通过影响人类的行为来规范人类的精神文明从而更加有效地保护我们的设计？

3. 思考题

（1）我国设计心理学研究的关注点是什么？

（2）如何理解设计的心理功能？试举例说明。

（3）设计心理学的特征主要表现在几个方面？

第 2 章 设计心理学理论

为更好地弥合设计理论与设计实践课程教学的断层，应从设计心理学课程开始建立对接实验。改变坐而论道的理论学习模式，将设计心理学理论转化为专业设计中具有直接指导效果的知识与方法。迅速建立“以人为本”的设计意识，有效展开人机对话的行为研究，进而探索人类行为生理、心理的隐藏需求，为后续专业设计活动奠定认识论和方法论的基础。

设计心理学是运用心理学的理论和方法，去研究“人”的因素，也就是设计相关的人的行为与心理，从而使设计真正进入以需求为导向，以人为中心的有理论依据的理论学科。设计心理学主要是研究行为与心理相互关系在设计中的应用。从心理学的角度来看，设计心理学是设计专业针对人的各种行为心理进行分析研究的学科，是设计师了解用户、分析用户必须掌握的学科，是在心理学基础上把人的行为与相应的心理状态，尤其是人们需求的心理运用于设计实践的一门综合性理论科学。其研究的对象不仅仅是消费者，还应该包括设计师和生产者。设计心理学作为设计的一门专业理论课，是设计师必须掌握的学科，是在心理学基础上研究交互设计相关人的心理状态，是把人的心理状态，尤其是人们对于交互行为的心理，通过对相关心理的分析研究，而不仅仅是用户的心理，设计的产生对社会及社会大众所产生的心理影响也非常重要。最终应用于设计领域中来，使设计能够反映和满足人们的心理。

2.1 设计行为理论

2.1.1 应激理论

设计应激理论认为，设计的许多因素都能引起个体的反应，如噪声、拥挤等都是引起反应的应激源。应激源还包括工作压力、婚姻不合、自然灾害、迁移到另一个居住环境等，应激是指个体对这些设计因素做出的反应。反应包括情绪反应、行为反应和生理反应。

（1）唤醒理论

设计中的各种刺激都会引起人们的生理唤起，增加人们身体的自主反应。唤醒是由于大脑中心的网状结构被唤起，脑活动增加。唤醒其实就是激活处于“休眠”状态的各种身体活动，使它们达到活跃状态。唤醒是影响行为的中介变量和干预因素。唤醒与操作间的关系，可以用耶克斯-多德森定律来解释，如图2.1所示。按照该定律所描述的，操作的最佳状态是中等的唤醒水平。当唤醒高于或者低于最佳水平点，操作行为都会越来越差。唤醒和操作任务是复杂程度之间的关系，可以用一个倒U形曲线来表示：对于复杂任务，偏低的唤醒水平是操作的最佳状态；而简单任务，需要较高的唤醒水平才有利于任务的操作。

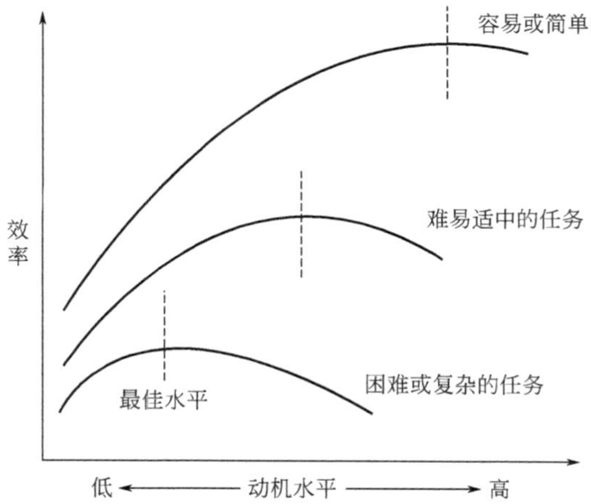

图2.1 耶克斯-多德森定律

（2）刺激负荷理论

又称为设计负荷或刺激过载理论。该理论主要关注设计刺激出现时注意的分配和信息加工过程。刺激负荷理论认为，首先，个体对获得的感觉信息的加工能力是有限的。其次，当设计提供的信息量超过个体的加工能力时，就出现超负荷现象。再次，当设计刺激出现时，个体要进行判断，并做出相应的反应。如果设计刺激的强度大，在预测之外，又难以控制，那么，个体需要投入的注意和分析判断能力则更多。此外，如果个体不能确定做出哪种反映最恰当，那么就要分配更多的注意力在这个刺激上。最后，刺激负荷理论认为，人对某个刺激的注意力不能持续不变，一段时间后注意力会暂时减弱，在这段时间，就出现超负荷现象。因此要避免定向注意疲劳症状（长时间高度注意某个目标，导致注意减弱）出现。

（3）行为局限理论

“局限”是指设计中的一些信息限制或者说干扰了我们希望去做的事。设计提供的信息超出了个体控制能力的范围，从而对认知活动产生了干扰。当人们觉察到对设计的控制能力丢失，首先会引起负性情绪体验，这时，个体就希望重新获取对设计的控制力，这称为心理阻抗。当个体感到行为受限制时，心理阻抗可以消除设计对行为的限制。行为局限理论还认为，当控制设计能力的恢复失败时，可能会导致习得无助感。也就是说，当多次努力重新获得控制设计的尝试失败后，人们会认为自己对设计是无能为力的，于是放弃了努力，并且学习认识对设计的限制是无力改变的。因此，行为局限理论认为，设计对行为的限制包含三个基本的步骤：觉察到对设计控制的丢失、阻抗以及习得的无助感。

（4）适应水平理论

适应水平理论认为人们可以通过某些机能来调整自身以适应设计。设计提供的刺激有一个最佳水平，然而，由于每个人过去的经验不同，所以要求的最佳水平也不一样。这种最佳刺激水平的改变称为适应，当设计改变时，个体对设计的反应也会发生改变。适应水平理论至少适合于解释三种设计刺激条件下的设计行为关系：设计中的感觉刺激输入、社会刺激输入和设计的改变运动。适应水平理论提出上述三种刺激可以在三个维度水平上发生变化：①强度；②刺激的多样性；③刺激的模式。

调整指个体改变与之互相作用的设计，让设计适合于个体的生存。上述几种理论都可以纳入应激理论的结构体系中，如刺激过载可以看作是应激的结果，唤醒水平的提高是构成应激的一部分，最佳适应水平是应激反应的最终结果，行为局限是应激的标志。应激理论已经被广泛应用于解释噪声、污染等设计刺激对人行为的影响。

（5）生态理论

生态理论认为，个体的行为和设计是处于一个相互作用的生态系统中，个体的行为都有一个时间和空间背景，也就是说存在一个整合的行为情境。

2.1.2　理论的比较与当前的理论框架

① 试从一般性和特殊性上对几种设计心理学理论进行比较。唤醒理论、刺激负荷理论和适应水平理论都具有一般性的特点。其中，唤醒理论的一般性最强，也就是说，唤醒理论认为，刺激的增加或减少，都会引起个体生理和心理唤醒水平的改变，因此可以推断行为将受到什么影响。刺激负荷理论的特殊性要强一些。适应水平理论则是最具特殊性的一种理论。在解释设计对行为的影响时，一般性和特殊性是可以交替使用的。具有一般性的理论能够解释相同设计条件下，大多数人的反应，但是却掩盖了个体差异。设计应激理论具有较强的一般性，也就是说，它可以推断设计中各种因素引起的个体的生理和心理反应，但对于某个刺激源引起的反应如何，以及个体应激反应的差异却难以解释。

行为局限理论是最具特殊性的一种理论。当行为局限理论认为的设计条件确实存在时，它可以有效地预测这种设计下个体的行为。各种理论在解释设计和行为关系时，它们的分析水平是各不相同的。生态理论是从群体水平上分析，刺激负荷理论是从个体水平上分析，适应水平理论则是从个体差异的水平上来分析解释设计对不同个体所产生的影响。

② 缓和变量指增加或减少情境影响的因素。

③ 中介变量指对设计条件反应的内部知觉、认知和情感过程。

2.2　设计心理学研究的内容

2.2.1　噪声与行为

（1）声音的物理和心理属性

声波有频率、振幅和频谱三种物理属性。它们分别决定了声音的不同心理容量或听觉器官属性。声波的频率是指单位时间里周期性振动的次数，它决定了音高这一听觉属性，如图 2.2 所示。振幅是指声波的强度，它决定了声音的响度，又称音强。频谱是指不同频率、不同振幅的声波合成的复合音，它决定了声音的音质，也就是音色。由频率非常小的声波组合而成的声音叫作窄带音，由频率范围很大的声波组合而成的声音称为宽带音。

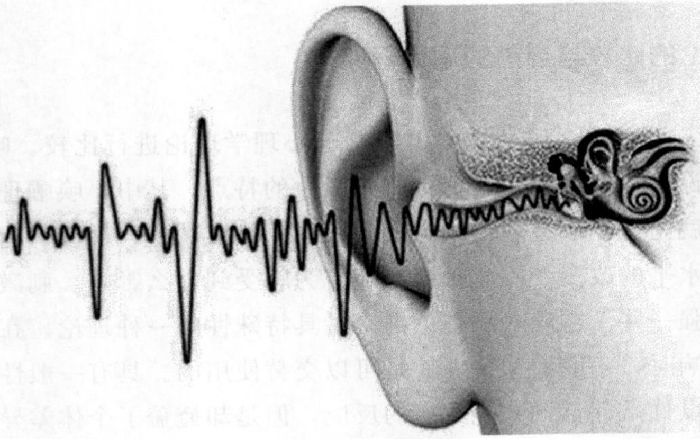

图 2.2 听觉属性

（2） 噪声对人行为的影响

从人对声音的感受效果来说，声音可以分为乐音和噪声。一般比较和谐悦耳的动听声音，称为乐音。不同频率和不同强度的声音，无规律的组合在一起，就变成了噪声，相同强度的所有频率声音组合而成的声音叫作白噪声。如果从心理学的角度来给噪声下定义，应该说，人们不想听的声音都是噪声。起决定作用的主要有三个重要的变量：音量、可预测性、知觉的可控制性。

① 噪声音量大，就有可能干扰人们的言语交流，也就会引起个体生理的唤醒和应激，注意力分散等。

② 不可预测、无规律的噪声比可预测的、持续的噪声更让人厌烦。可预测到的噪声，适应起来会更容易些，个体会逐渐习惯和适应。

③ 如果噪声超出了人们的控制能力，那么，它产生的干扰一定会强于能够控制的噪声。刚才说的三个变量能以任何形式组合，但当噪声的音量很大、不可预测、不能控制时，造成的干扰是最大的。还有一些因素会增加人们对噪声的厌烦，这些因素是：当我们认为噪声是不必要的时候；当处在噪

声中的人发现没有能力控制噪声时；听到噪声，并且知道它对健康有害时；发出的噪声引起恐惧感时；由于噪声而对周围设计的其他方面不满意时。

（3）噪声的种类及其特点

① 职业噪声。职业噪声是工作场所中的第二个主要噪声来源。职业噪声的一个特点是都为宽带噪声，特别是办公室里的噪声，是由各种不同频率的声音组合而成的。另一个特点是具有广泛性和音量都很大。

② 交通噪声。交通运输工具行驶过程中产生的噪声属于交通噪声，存在十分广泛。汽车噪声是城市噪声的主要来源；空中交通的迅速发展，提高了机场邻近区域的噪声水平。这两种噪声通常音量都很大，机场附近的噪声响度为75～95dB。

（4）噪声带来的影响

① 噪声对人的身心健康的影响。噪声会带来听力的损伤，包括两种情况：暂时阈限改变和永久性阈限改变。听力损伤为暂时阈限改变的患者能够在噪声消除后的16h内恢复到正常阈限；当听力损伤为永久性阈限改变时，则在噪声消除后的一个月或更长时间听力都还不能恢复到正常的水平。

② 噪声对健康的影响。高水平的噪声可能会导致生理唤醒和一系列应激反应。出现如血压升高、神经系统和肠胃功能受影响、失眠等一系列对人类和动物的免疫系统都有影响的症状。噪声不仅能够直接影响个体的健康，而且还会通过改变某些行为，对健康产生间接的影响。由于噪声的影响人们会喝更多的咖啡或酒，抽更多的香烟，这也是间接损坏人体健康的原因。

③ 对人的心理健康也有不好的影响。例如会引起人们头痛、易怒、焦虑、恶心、阳痿和情绪变化无常等现象。高噪声区域患精神病的概率更高。噪声是通过一些中介变量引发心理疾病的。生活在噪声中，会使个体知觉的控制感减弱，会产生无助感。这些心理反应会更容易引发心理疾病。

（5）噪声与操作的关系

① 在噪声中生活所受的影响。例如在噪声设计中，人类的操作行为会受到影响，出错率增加。影响程度如何，是由多种因素决定的，如噪声的变量（强度、可控制性、可预测性）、任务的类型、个体的忍受性（敏感程度）和人格特点等。

② 噪声过后产生的影响。噪声过后产生的影响要大于噪声呈现时的影响。很多研究表明，在噪声过后的影响主要取决于对噪声的知觉控制。当个体有控制能力时，噪声对操作行为的影响就会变小。

③ 噪声可能对儿童的认知有损伤。噪声会影响儿童的认知，是因为噪声这种言语对儿童产生了错误的引导作用，使儿童很难得到正确的信息。长期下去，儿童会对噪声产生依赖性，从而对信息失去正确的判断。

④ 噪声影响的发生。噪声之所以会影响任务操作，是因为噪声掩盖言语产生的内在的含义，使个体很难“专注于到自己的思考”。噪声可能会削弱个体对信息的提取和做出反应。噪声使注意范围缩小，注意范围缩小的表现，包括回忆与任务无关或相关信息的能力，还有存取信息的能力都减弱了。

（6）噪声与社会行为的关系

噪声不仅造成人们的生理机能和心理健康受损害，干扰操作行为，而且还影响到人们的社会关系，例如人际吸引、利他行为和攻击性。

① 噪声与人际吸引

利用测量人际距离的方法发现，当噪声的强度为80dB时，使人们彼此感到舒服的距离增加。噪声使人们要求有更大的私人空间，降低了人际吸引。居住区周围的交通噪声使邻里间的交往减少。

② 噪声与攻击性

噪声对唤醒水平有一定的影响，也会增强攻击性，特别是具有攻击性倾向的人。但噪声并不会直接增强攻击性，只有当个体被激怒或情绪不佳时，噪声才对攻击性产生不利的影响。

③ 噪声与利他行为

个体的助人行为在积极情绪状态下比在消极情绪状态下要多。在正常噪声、65dB白噪声和85dB白噪声三种条件下，帮助捡起掉落书刊的百分数分别为72%、67%和37%。其他一些研究也都得到了相同的结果，噪声使人的注意广度变窄，不能注意到别人的需要，所以使助人行为减少。

（7）噪声的控制及利用

① 交谈声带来的影响，不仅取决于噪声的振幅和频率，而且也取决于交谈者和听者的距离。通常用交谈干扰水平作为评定可接受的交谈声的指标。

② 噪声的控制。对噪声的控制首先是对噪声源要严加控制，不要让其

超过影响的标准。其次可以在建筑设计上采用隔离、屏障等保护措施，如在公路两侧设置绿化带消除噪声；在高速公路两侧设隔声屏障；通过变化家具摆设也可以削弱噪声。最后可以“以噪声消除噪声”。利用计算机和传感器将模仿声转化成数字信号加以分析，产生一个“镜像声”，也可以用来消除噪声。

2.2.2 气候与行为

周围设计是指我们周围摸不到、看不见的一些稳定的设计特征，如声音、温度、气味和照明。周围设计对行为的影响是通过情绪作为中介变量产生的。莫若比安提出了设计负荷的概念，它指设计给个体传递的信息量。设计负荷有三个特征：设计信息的强度、新奇性、复杂性。按照感觉信息量的不同，设计负荷可以分为高负荷设计和低负荷设计。高负荷设计指设计输入的感觉信息量多；低负荷设计指周围设计输入的信息量少。在其他条件相等的情况下，高负荷设计导致更高的激活水平。

（1）天气和气候

天气是指相对快速的冷热改变或是暂时的冷热条件。气候则是指一般情况下具有的天气状况或长期存在的主要天气状况。区分清楚二者的不同是十分重要的，因为它们对人类行为的影响是不一样的。在研究天气对人的影响时，控制一些文化和社会因素要比研究气候对人的影响时更难以控制。

（2）气候与行为间的关系

① 气候决定论认为，气候决定了行为的范围。谈到气候决定论时，必然会联系到地理决定论。很难把它们分割开，因为地理位置决定了气候。

② 气候可能论认为，气候对行为有一定的制约作用，它限制了行为的变化范围。

③ 气候概率论认为，气候不是导致某种行为产生的决定性因素，但是它决定了某些行为出现的概率比较大。

2.2.3 气味与行为

（1）气味的刺激性

引起嗅觉的气味刺激主要是具有挥发性、可溶性的有机物质。有六类基本气味，依次为花香、果香、香料香、松脂香、焦臭、恶臭。香与臭是一种主观评价，气味给人的感觉因人而异。不同的人对一种气味有不同的感受，因而就有不同的评价，甚至同一个人在不同的设计、不同的情绪时对同一种气味也有不同的感受和评价。

（2） **气味与健康的关系**

不同的气味可能引起生理上的不同变化。使血压降低、心律减慢等的气味被用来治疗高血压。如茉莉花可刺激大脑；草气味具有一定的滋补功效；天竺花香味有镇定安神、除疲劳、加速睡眠的作用；白菊花、艾叶和银花香气具有降低血压的作用；桂花的香气可缓解抑郁，还对某些躁狂型的精神病患者有一定疗效。

2.2.4 温度与行为

一些研究表明，温度与暴力行为有关，夏日的高温可引起暴力行为增加，但是当温度达到一定点时再升高则不导致暴力行为而导致嗜睡。温度也与人际吸引有关，在高温室内的被试者比在常温室内的被试者更易于对他人作不友好的评价。温度的属性主要包括：

① 周围温度与有效温度的区别。温度可分为周围温度和有效温度。周围温度是指周围设计或大气的温度，是实际的客观温度；有效温度是指个体对周围温度的知觉，是个体的主观感受。

② 核心温度是指个体身体内部的温度知觉。

③ 最适温度，又称为有效温度，它是通过对湿度和温度共同作用带给人的舒适水平来测量的。

④ 热对个体行为的影响。一般来说，如果在温度高于 32℃ 的环境中超过 2h，对于没有达到环境适应性的个体，会影响其智力任务的操作。然而，有一些研究却得出结论，认为热不会妨碍操作行为，相反有助于任务的完成。

随着温度的升高，操作先受到妨碍，后受到促进，对于警觉性任务的操作，当温度升高，打破了身体原来的热平衡系统后，操作行为受到影响。之后，由于身体调节机制的作用，重新适应了新的温度，这时操作行为又得到提高。

总之，长时间在热环境中会妨碍智力型任务的操作；在热环境中的时间稍短一些，完成机械操作会受到干扰；但是对警觉性的任务则可能先产生干扰，随后得到促进。根据各种研究结果，一般来说，当温度低于 4℃或高于 32℃，或者风速大于 7m/s 时，工作效率下降。而温度在 11～25℃之间时，进行体力劳动效率最高。脑力劳动的最佳温度是 15℃、20℃、25℃。当温度高于 40℃时，无论哪种工作，质量都大幅度降低。当周围设计温度过高，人们体验到热带来的不愉快时，人际吸引降低。较热的地方暴力犯罪率要高。

在某些情境中，热对人际吸引的影响具有“分享效应”，也就是说，是否与他人在同样温度条件下，是影响人际吸引的一个重要因素。高温降低了攻击性。巴伦和贝尔用“消极情感逃离模型”来解释这种现象。消极情感可能是热和攻击性的一个中介变量，它们的关系可以用一个倒 U 形曲线来表示。在 U 形的某一段区间内，消极情感增加了攻击性行为；但是超过这个区间，攻击性随消极情感的增加而下降。热使利他行为减少，热与利他行为之间的关系较复杂，还受其他一些因素的影响，例如需要帮助者的长相、热引起人的好或坏的情绪体验等。

⑤ 冷对人们社会行为的影响。如果长时间在冷环境中，可能会造成两种损伤，冻伤和体温降低。

冷和健康似乎没有直接的关系，特别是当有足够的保暖措施和庇护地方时，低温对健康不会有危害。

1977 年的实验室研究发现，当温度在 16℃左右时，被试的消极情绪更多。与热的影响相似，当负性情感为中等水平时，随温度的下降攻击性增加；但当负性情感很强时，随温度的下降攻击性减弱。低气温使人们更愿意选择留在屋子里。在寒冷的冬天，利他行为增多、犯罪率减少。

2.2.5 空气污染与行为

空气污染对身体健康的影响早已引起人们的注意，但其心理后果却刚刚引起重视，在某些条件下，空气污染可引起消极心情和侵犯行为。

（1） 空气污染与知觉的关系

对空气污染的知觉取决于一系列物理和心理因素。我们往往根据气味和颜色来知觉空气污染，而有许多有毒的气体是无色无味的。除了通过嗅觉和视觉来知觉空气污染以外，我们还可以通过汽车尾气、雨水的频率、高楼的多少等来知觉。时间、季节及生活事件等因素都会对污染的产生起作用。人们总是认为：也许别人那里的环境会比我们受到更大的污染。这种心理现象使得人们对空气污染的知觉产生适应性，适应性会使人淡化对污染的焦虑，进而对空气污染越熟悉，也就越不把它当回事了。

（2）空气污染与健康的关系

空气污染对健康的影响逐渐变得众所周知。空气污染会增加都市居民的死亡率。一氧化碳是最普遍的污染，它使有机体的组织缺氧，导致严重的健康问题，包括视力和听力的受损，引发癫痫、头痛、心脏病、疲劳、记忆障碍和迟钝。微粒包括铅、石棉等，会造成呼吸系统疾病、癌症、贫血和神经疾病。光化学烟雾会导致眼睛痛、呼吸疾病、心血管异常以及癌症。氮和硫的氧化物损害呼吸功能，降低免疫力。空气质量不佳时，人们不愿意进行户外活动会产生更多的敌意和攻击性行为，减少互助行为。还会产生心理问题如抑郁、易怒、焦虑等。

（3）空气污染与行为的关系

空气污染主要包括一氧化碳，会影响人的反应、双手的灵巧程度以及注意力。严重的空气污染至少影响三种社会行为：娱乐行为、人际关系以及攻击行为。

2.2.6 光照与行为

（1）光的心理意义

光照通常比无光使人愉悦，从而使人更愿意做出利他行为。如在阳光明媚的条件下，向路人征集实验的志愿者，报名的人会比阴天时更多；同样，餐馆服务员在光照强的餐厅中得到的小费也要比光照暗的餐厅中多。

（2）设计心理学对季节性情感障碍的协调

人类是昼行动物，光照增加唤醒水平，阳光有助于减少瞌睡和抑郁感。如秋冬日照时间缩短，一些人会抱怨、瞌睡、疲劳、嗜食碳水化合物、体重增加、情绪不高等，这种人是“光饥饿者”。存在光饥饿问题的女性多于男性，由于这些问题与季节有关，也称为季节性情感障碍。对人进行有效的光照补偿，可以减轻甚至消除上述症状。在清晨和傍晚给予光照，在头上戴日光帕，可有效地缓解季节性情感障碍。

（3）最佳光设计

白天人们最喜欢间接的自然光线。到了晚上，人们利用人工光源延续自己活动的时间，扩大自己活动的空间。现代技术可以帮助我们制造不同色光（冷、暖、中性）的电光源，以适应各种设计的需要。全光谱日光灯对自然光的模拟，可以使在这种条件下工作的人更不易疲劳。光设计不应只局限于满足照度标准这一个方面。光设计应具有明亮、舒适和有艺术感染力三个层次。

2.2.7 颜色与行为

（1）颜色的产生

颜色是视觉系统接受光刺激后产生的，是个体对可见光谱上不同波长光线刺激的主观印象。颜色可以分为彩色和非彩色。颜色有三个心理特征，分别与光的物理特征相对应。色调与其物理刺激的光波波长相对应，不同波长的光所引起的不同感觉就是色调。饱和度与光纯度的物理特性相对应，纯的颜色即高饱和度，是指没有混入白色的窄带单色光波。明度与光的物理刺激强度相对应。强度是彩色和非彩色刺激的共同特性，而色调和纯度只有彩色刺激才有。按人们的主观感觉，彩色可以分为暖色和冷色，前者指刺激性强，引起皮层兴奋的红色、橙色、黄色；而冷色则指刺激性弱，引起皮层抑制的绿色、蓝色、紫色。非彩色的白色、黑色也给人不同的感觉。

（2）颜色影响行为

色彩影响我们的情感，这与人的个性密切相关。蓝色和绿色是大自然中最常见的颜色，也是自然赋予人类的最佳心理镇静剂，可使皮肤温度下降，脉搏减少，血压降低，心脏负担减轻。粉红色给人温柔舒适的感觉，具有息怒、放松及镇定的功效。画廊的墙及地毯的颜色会影响参观者运动和停留的时间，宜采用亮色，如图2.3所示。

给家庭主妇试用不同颜色的颗粒状洗涤剂，当颗粒颜色从白色换成红色时，主妇的反应是这种洗涤剂使手变得粗糙了。当颗粒颜色从白色换成黄色时，主妇们大多抱怨洗不干净衣服。当白色换成蓝色时，认为洗涤剂效果

图 2.3 画廊的墙及地毯

很好。

病人房间的淡蓝色可使高烧病人情绪稳定，紫色使孕妇镇定，赭色则能帮助低血压的病人升高血压。

总之，最理想的色彩莫过于大自然中的植物的绿色和水与天的蓝色。它们是大脑皮层最适宜的刺激物，能使疲劳的大脑得到调整，并使紧张的神经得到缓解。从心理学的意义上讲，颜色中有一些“基本色”，如红色、黄色、蓝色三原色，它们是和谐稳定的。

2.2.8 海拔与行为

（1）海拔与人

海拔带来的生理反应都是短期的变化，人会逐渐适应高海拔的环境。

（2）大气压对人的影响

大气压力不仅与海拔有关，还和天气有关。气压低时常伴随着暴风天气，气压高则通常是晴朗的天气。很多研究发现大气压对人的影响可概括为三类：一是增加了疾病的发生，一些临床研究表明，发病率与季节有关联。二是季节的变化也会影响到个体的心理，如对情绪的影响。季节发生变化时，精神病的发作率、自杀率和社会冲突都会受到影响。三是对人行为的影响，很多研究表明，学校中的分裂行为和治安混乱，随天气和大气压的改变而发生变化。

(3) 人体的知觉系统对风的觉察

对风的知觉是涉及多个感觉系统的。皮肤的知觉系统首先感受到风带来的压力，风是特别冷或热、湿或干，皮肤的温度感受器也会觉察到。肌肉对风的抵抗可以觉察到风力的大小。

2.3 空间的安排与布置

从设计心理学的角度分析，住宅室内设计的核心问题是如何满足人们对“家”的精神寄托。因为家是家庭成员沟通情感、倾诉衷肠的场所，也是相互依存的空间，更是彼此激励、传递爱慕与爱情的“巢窝”。正如俗话所说：“金窝银窝，不如自己的狗窝。”其核心的内涵就是家中有我们依赖的“温馨”，是我们心灵停泊的港湾。现在，我们的室内设计师已经普遍认识到这点，并且已经开始用温馨的室内设计来满足人们对“家”的心理需求，进而将室内设计是否温馨演变成评判住宅室内设计优劣的重要标准。目前我国的住宅室内设计由于受设计理论、设计师的设计水平、施工技术等的限制，还存在着千篇一律、毫无特色和创意可言的设计，孤立地追求墙面装饰效果，对灯具、家具、艺术陈设等室内设计要素束手无策的情况还随处可见。要彻底改变这种局面，营建出人们心仪的精神家园，设计师需要对设计心理学在现代住宅室内设计中的运用进行深入研究。本节将从以下三个方面分析设计心理学是如何指导现代住宅室内设计的。

2.3.1 现代人对住宅室内的新需求

我们知道人对室内设计的需求是动态发展的。从20世纪80年代加拿大建筑师阿瑟•埃利克森的生态“梦莲湖”，到21世纪初在我国大行其道的民族现代风，都昭示着现代住宅室内设计发展的新趋势、新方向。国内著名室内设计师张绮曼教授更是在设计心理学的研究基础上前瞻性地归纳了现代住宅室内设计发展的五大新趋势。下面我们就具体分析这五大趋势和对应的心理新需求。

（1）回归自然设计

随着设计保护意识的增长，人们越来越希望回归到大自然的怀抱中。

（2）整体艺术化

随着社会物质财富的丰富，人们逐渐从“物的堆积”中解放出来，发现室内各种物件并不仅仅是存在，物件之间更应该具有协调统一的整体艺术。室内空间是整体设计效果的展现，是对空间、形体、色彩及虚实关系进行整体把握的体现，是将功能组合关系和由意境创造出的周围设计进行协调的结果，如图 2.4 所示。

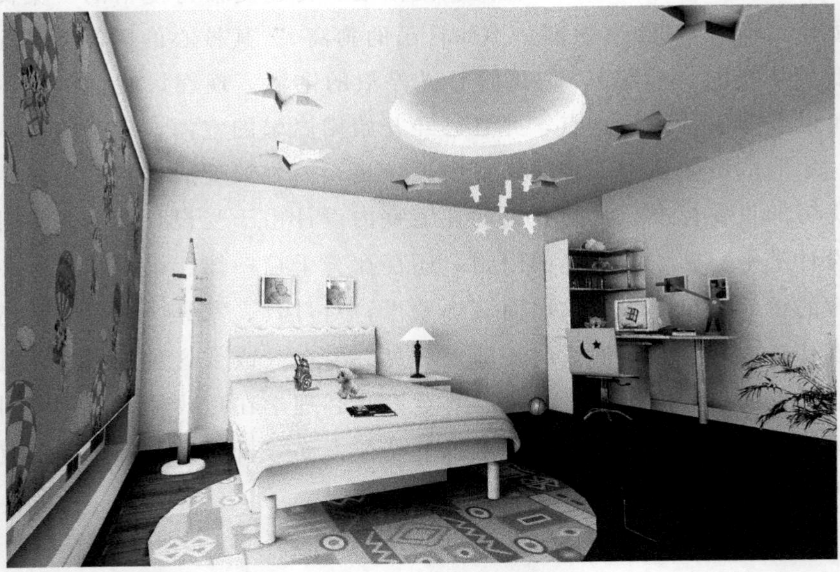

图 2.4　整体艺术化

（3）高度技术化

随着科学技术日新月异的进步，人们的审美情趣也发生了翻天覆地的变化。今天的室内设计尽可能地采用了现代科技手段，力求在设计中达到最佳的声、光、色、形的匹配效果，实现高技术、高效率、高功能的生活品质，创造出理想的、令人赞叹的室内空间设计。

（4）设计的民族化

人们在享受科学技术高度发展带来的高生活品质的同时，又常常会感到缺乏民族文化的熏陶，甚至会有一种失落感。因此，室内设计发展的另一趋势就是传统和现代的完美结合。在现代中回忆传统，在传统中彰显现代，既追随时代潮流，又满足对民族传统文化依恋的心理需求。

（5）个性化

大工业化生产在给社会带来丰富物质文化财富的同时，也留下了流水线加工的痕迹。在这大同的世界里，追求独特的个性和鲜明的特色自然成为人们追求的时尚。住宅室内个性化设计的一种设计手法就是将不可复制的自然引进室内，使室内外通透连成一片。另一种设计手法则是打破水泥方盒子，采用斜面、斜线或曲线对空间进行装饰，以此来打破水平、垂直线，求得变化。还可以利用色彩、图画、图案和玻璃镜面的反射来扩展空间等，打破室内空间千人一面的冷漠感。通过精心设计，将鲜活的生命赋予每个不同的家庭居室，以满足人们在新时期对住宅室内设计的审美需求。

2.3.2 住宅室内行为空间的合理布局

人们在住宅室内设计中的行为与在其他功能室内设计中的行为是有差异的。我们将这些差异进行总结和概括使其模式化，便得到了人们在住宅室内设计中的特定行为模式。这种特定的行为模式是我们进行住宅室内设计，特别是进行住宅空间规划的主要依据。此外，人的需要得到满足以后，便构成了新的设计，新设计又将对人产生新的刺激作用。设计、行为和心理需要的共同作用将进一步推动设计的改变。

2.3.3 现代人对住宅室内的知觉需求

（1）室内光照、色彩设计

正是由于有了光，人眼才能够分清不同的室内形体和细部，光照是人们对外界视觉感受的前提。室内光照是指室内设计的天然采光和人工照明，光照除了能满足正常工作、生活所需的照明要求外，还能起到烘托室内设计气氛和塑造室内设计性格的作用。温馨是对住宅室内（客厅和卧室）照明与色彩设计的基本要求，适中的照度、均匀的照明是创造室内家庭温暖氛围的重要手段，如图 2.5 所示。

图 2.5　客厅

（2）材料质地的选用

这是室内设计中直接关系到实用效果和经济效益的重要环节，巧于用材是室内设计中的一门学问。饰面材料的选用，应该同时具备满足使用功能和身心感受两方面的要求。住宅室内设计中轻柔、细软的室内纺织品，以及自然、亲切的木质面材等，都充满了“家”的味道，带给人们综合的视觉心理享受。

（3）家具、陈设、灯具等的设计和选用

家具、陈设、灯具等可以相对地脱离界面布置于室内空间里，实用和观赏的作用都极为突出。通常它们都处于视觉中显著的位置，在烘托室内设计气氛、形成室内设计风格等方面起着举足轻重的作用。住宅室内家具直接与人体相接触，感受距离最为接近，要在环保的前提下体现主人的喜好，从而满足人的心理需求，体现“家”的特定风格和“温馨”的气氛。

（4） 室内绿化在现代住宅室内设计中具有不可替代的特殊作用

室内绿化具有调节室内小气候和吸附粉尘的功能，更为重要的是，室内绿化使室内设计显得生机勃勃，带来了自然的气息，令人赏心悦目，具有柔化室内人工设计的作用，在快节奏的现代都市生活中有效地协调了人与自然的平衡。室内绿化是生态设计的客观要求，住宅室内选择植物，还应该注意植物本身体积要适中，太大让人觉得自己太渺小，空间失去了亲切感，太小又不能有效地改善室内设计。

总之，人的一生大约有三分之二的时间是在居室内度过的，居室是家庭成员的生活基地，居住生活是人类经济和社会活动的组成部分。居民的居住水平和居住设计质量是衡量一个国家或地区人民生活水平的指标之一。如何做好现代居室空间设计是设计师不得不认真对待的重大现实问题。设计心理学是提高现代住宅室内设计水平的重要指导理论，所以在室内设计实践中，要积极运用常识，遵循科学发展观，按照舒适、节约、生态、人性的原则，借助设计心理学最新的研究成果和他人的成功经验，结合国情，努力推动我国住宅室内设计向前发展。

2.4 拥挤与密度

2.4.1 密度

密度是指每单位面积个体数目的客观测量，具体来说，它是指个体与面积的比值。密度可以在任何单位面积里进行度量，它又可以分为社会密度和空间密度、实际密度和可知觉密度、内部密度和外部密度。

（1） 社会密度和空间密度

社会密度和空间密度是密度的两个最基本形式。社会密度指面积不变而变化个体数目，空间密度指个体数目不变而变化面积。社会密度是由同一空间中人数的不同决定的，空间密度的变化是由相同的人数分布在不同的空间决定的。社会密度和空间密度的变化对个人行为和情感的影响不同。

（2）实际密度和可知觉密度

个体对所处空间密度的评价，就是可知觉密度。它与实际测量的密度不同，其结果可能是正确的，也可能是错误的。人的行为往往会受可知觉密度的影响，而不受实际密度的影响。

（3）内部密度和外部密度

内部密度是个体与建筑内部空间面积的比值，也就是房间内的密度。外部密度是个体与建筑外部空间面积的比值。

2.4.2 拥挤

拥挤是对导致负性情感的密度的一个主观心理反应。当人口密度达到某种标准，个人空间的需要遭到相当长一段时间的阻碍时，就出现了拥挤感。影响人们是否产生拥挤感的因素有个体的人格因素、人际关系、各种情境因素，以及个人过去的经验和容忍性，最主要的影响因素是密度。

（1）攻击性

许多研究发现拥挤会引起动物的攻击行为。单纯的拥挤并不一定引起动物的攻击行为，但是当拥挤与资源（如食物）结合时，则结果难以预测，这在人类行为中也一样。

（2）无组织

无组织、拥挤的围栏现象称为行为消沉。行为消沉可以理解为，当某个空间内的人口分布不平衡，或人口密度超过物种所应具备的，维持正常社会组织秩序的能力时，就会出现分裂行为。

（3）拥挤对人类的影响

① 拥挤对个体行为的不利影响。高密度对人造成的影响可分为直接效应和累积效应，即短期影响和长期影响。直接效应指由于高密度带来的即时负性情感体验，如焦虑；累积效应指高密度（图 2.6）对健康的损害。

图 2.6 高密度人群

② 对生理的影响。在高密度条件下的人血压偏高，个体患病的概率更高。儿茶酚胺含量升高，肾上腺分泌也提高，皮肤的导电系数也明显增加。

③ 对情感的影响。高密度会导致个体消极的情感状态。在高密度空间，男性体验到的消极情感比女性更强。女性在社会交往中有更高的合群动机，所以在近距离内有更大的亲和力，男性的竞争动机更强，因而和他人距离过近会产生威胁感。

④ 拥挤与疾病。长期在高密度设计中生活，可能引发疾病或使病情加重。

（4）拥挤对人际吸引的影响

人们对密度的主观感觉是受情境因素影响的，在高密度条件下人际吸引会降低。高社会密度重要条件下，男性的反应比女性强烈。男女都会有不同程度的唤醒，但是社会习俗和规范允许女性更接近他人，用以缓解心理压力，这导致了高密度下女性较高的人际吸引和合作性；而男性如果这样，则被视为不合理，因此，男性对高密度的负面评价较多。

① 拥挤对退缩行为的影响。当遭遇高密度时，社会退缩行为是一种应激措施，人们会减少眼睛对事物的接触，把头扭向一边，或者保持较远的人际距离。

② 拥挤对亲社会行为的影响。亲社会行为即利他行为。研究者比较了高、中、低三种空间密度条件下，大学生的利他行为。发现低密度条件下利他行为多，而在高密度的公共场所，利他行为则减少，这大多是由于对自身安全的担心。

③ 拥挤对攻击性行为的影响。有人认为高密度会导致攻击性的增强，有人认为高密度对攻击性没有影响，还有人认为密度可能影响儿童的攻击性行为，空间密度过高或过低，攻击性行为都减小；在适度拥挤的情况下，男性的攻击性增加。攻击性行为的发生依赖于高密度是引发负性的情感体验，

高密度并不是引发攻击性行为的直接因素。单纯的拥挤并不一定产生消极后果，拥挤对人带来的影响因个体差异、社会因素和具体情境而不同。

④ 拥挤对任务完成的影响。高密度会阻碍被试对设计的认知。拥挤可能会阻碍个体的信息加工能力，导致任务不能顺利完成。

(5) 拥挤对交通的影响。

① 交通拥挤带来的应激。坐车上下班的人体验着一种更应激的生活方式，带来更多的身心健康问题。研究人员调查了682名护士的应激症状，发现在路上花的时间与应激成正相关。

② 司机的应激。司机的应激状况，总的表现为负性的情感，攻击性强、焦虑、厌倦驾驶，以及与他人交往时常常过度反应。

③ 交通阻塞。交通阻塞影响人们到达目的地，它是穿行距离和穿行时间的函数。交通阻塞对驾驶汽车上下班的人体验的焦虑有很大的影响。

④ 交通和出行。由于个人空间、领地和私密性的影响，出行中的拥挤会给人带来很大的应激。在拥挤的车上人们常会避免视线的接触，如用阅读、闭目养神来缓解这种应激。

总之，交通拥挤使个体不能采取有效的措施保护自己的周围空间不被入侵，所以它会导致人们的很多负性情感和行为，如攻击性、暴力和身心健康问题。

(6) 消除拥挤的策略

控制或消除拥挤的干预措施。

① 认知干预。提前给个体关于某个情境的拥挤提示或警告。这样可以减少应激和其他不利影响。

② 利用建筑分隔。对密度的知觉是引起拥挤感的关键，拥挤感是个体感知到个人空间受到侵犯。建筑设计中的分隔是利用各种屏障或隔断减少人们的相互接触和设计信息的输入，从而达到减少拥挤感的目的。

③ 身体调节。认知重建和想象。认知重建是通过引导被试注意情境中的积极方面，从而提高他们的积极情绪；想象是让被试按主试的指令想象一幅舒适的、田园式的画面，以转移注意力。

④ 注意焦点的设计。在拥挤设计中，可以提供一个注意焦点，如视野开阔的窗户、壁画等，转移人们的视线，减少眼睛的相互接触。消除拥挤导致的后果主要是要降低个体的焦虑和唤起水平。

⑤ 行政干预。还可以通过一些行政手段对拥挤进行干预，对某些场所

或设计中的密度进行规定也是减少拥挤的一个方法。

2.5　设计心理学的“黑箱”

设计心理学的研究只能仅凭主题的外显行为、现象来推测其心理机制。设计艺术活动中的主体类型多样，但最主要可分为设计主体（设计者）和设计客体（用户或消费者）两类，因其心理和行为特征，将两者视为不能窥视的“黑箱”。设计心理学对于“两个黑箱”的研究可分为以下三个方面。

2.5.1　易用性设计

设计的易用性，即最大限度地实现它的目的性。设计是解决问题的过程，因此，这个层次是设计的基点，尤其是对于工业设计、环境设计等与使用结合较为紧密的艺术设计学科。它的重点在于，通过心理学研究，分析和判断设计对象是否能解决所面临的问题，是否能更好地解决这一问题。相应而言，这个层次上设计心理学主要解决的是“使用”的问题，即如何使产品符合人的使用习惯，做到安全，易于掌握，便于使用和维护，与使用环境相匹配、协调。

2.5.2　用户的“情感体验”

这个层次的设计心理学主要考虑用户“情感体验”的问题。虽然物的实用性是其获得营销上成功的重要因素，但决定设计物能否在营销中获得成功的因素非常复杂，涉及社会、文化、经济、审美等诸多方面。从这个层面来看，设计心理学解决的是如何使产品符合用户超出使用需要之外的多样性需要，在用户对设计物进行选择、购买、持有、使用及鉴赏……这一系列消费过程中更加吸引消费者，在异常激烈的市场竞争中获胜的问题。

2.5.3　设计师心理

设计师心理，即研究设计师在设计过程中，围绕设计实践活动所产生的心理现象（设计思维）及其影响要素，以及如何帮助设计师提高其“创造力”的问题。在这一层面上，设计心理学的目的在于运用心理学，特别是创造心理学和思维科学的一般原理，研究设计思维的特有属性，帮助设计师发展创造性思维，激发灵感；并且还可用于设计教育中，帮助设计专业学生培养和提高设计创意能力。

从这个层次的划分来看，用户心理研究主要涉及了第一、第二两个层面，关注用户购买、使用、评价及反馈这一整体过程中用户（消费者）的心理现象及影响要素，但研究的结果和最终目的则是针对第三个层面，是为了给设计师提供设计的素材、方法手段和灵感来源。

通过学习本章设计心理学理论了解设计心理学的基本理论体系，主要涉及设计行为理论、设计心理研究的内容、空间的安排与布置、拥挤与密度及设计心理学“黑箱”等方面知识。设计心理学是运用心理学的理论和方法，主要是研究行为与心理相互关系在设计中的应用。本章内容从设计心理学理论体系研究出发，改变坐而论道的理论学习模式，将设计心理学理论转化为专业设计中具有直接指导效果的知识与方法，进而做到创造性地提出和解决设计问题。设计心理学作为设计的一门专业理论课，是设计师必须掌握的学科，设计心理学理论课程主要从心理学的基本知识入手，纵向深入，从基本的研究方法，到感官层的知识，再到思维层的认知，最后延伸到情感层的设计实践。为同学们平时的设计起到一些引导作用。通过对相关心理理论的分析研究，更好地指导我们的设计实践活动，掌握设计行为对社会及对社会大众所产生的心理影响。并且能够在心理学理论的基础上，阅读其他有关设计心理学的理论书籍，根据不同的设计需求变换设计方法，真正做到理论运用得法，方法运用得当，使心理学理论知识为现代设计服务。

习　题

1. 填空题

（1）设计心理学是运用心理学的________和________，去研究“________”的因素，也就是设计相关的人的行为与心理，从而使设计真正地进入以需求为导向，以________为中心的有理论依据的理论学科。

（2）心理活动是人们在生活实践中由________引起在________中产生的________活动。设计心理学是设计专业针对人的各种________进行分析研究的学科，是________了解用户、分析用户必须掌握的学科，是在心理学基础上把________与相应的________，尤其是________的心理运用于设计实践的一门综合性理论科学。

（3）设计心理学研究的对象不仅仅是________，还应该包括________和________。

（4）设计心理学作为设计的一门专业理论课，是________必须掌握的学科，是在心理学基础上研究交互设计相关人的________，是把人的心理状态，尤其是人们对于交互行为的心理，通过对相关________研究。

（5）________是指个体对这些设计因素做出的反应。反应包括情绪反应、行为反应和生理反应。

（6）________认为，设计中的各种刺激都会引起人们的生理唤起，增加人们身体的自主反应。

2. 选择题

（1）应激理论主要包括________。

A. 唤醒理论　　B. 刺激负荷理论　　C. 适应水平理论　　D. 行为局限理论

（2）刺激负荷理论又称为________。

A. 设计负荷理论　B. 实验过载理论　　C. 应激理论　　D. 心理负荷理论

（3）“________”是指设计中的一些信息限制或者说干扰了我们希望去做的事。

A. 限制　　B. 局限　　C. 狭隘　　D. 宽容

（4）________认为人们可以通过某些机能来调整自身以适应设计。

A. 刺激过载理论　B. 适应水平理论　　C. 设计负荷理论　　D. 实验过载理论

3. 思考题

（1）简述适应水平理论。

（2）简述生态理论，试举例说明。

（3）设计心理研究的内容概括地可以分为哪几个方面？

（4）从设计心理学的角度分析，空间的安排与布置如何满足人们对“家”的精神寄托？

（5）试论述拥挤与密度对人心理与心态的影响。

（6）试论述设计心理学对于“两个黑箱”的研究分为哪几个方面，每个方面的特征是什么？

第3章 认识与知觉设计心理

从事现代设计工作不能仅靠自我知觉和经验行事，而应该有坚实的心理学理论支撑，这样才能使设计工作遵从科学规律，使我们的设计成果从模仿和偶然走向创造和必然，这是正在从事或预备从事现代设计的工作人员非常欠缺的。加强设计心理学方面的修养，加深对人类认知过程的认识，能帮助我们认识和理解用户；帮助我们学会理性思考的方法，并把它养成习惯，变成工作的一部分；告诉我们如何欣赏好的设计，找出那些平庸、未经推敲、不合理的设计缺陷。能从认知心理的角度把一个设计的优劣说清楚，这是很难的事情。

西方心理学把广义的设计行为作为心理学的研究对象，其积极的意义是把设计心理、设计意识的设计活动和设计行为统一起来，离开了行为，心理、意识的设计活动既不可能被了解，也失去了它存在的意义。但是这种提法也容易使人误解，它不易看出心理学研究对象的特殊性，忽视了设计心理学是人的主观映象、主观世界这个最本质的特征。

心理虽然与行为有着不可分割的联系，但它毕竟是一种观念的东西，属于人的内心活动、内部世界。心理永远隐藏于说话、走路、做事等外显活动的后面，认识与知觉设计心理是科学与艺术的有机交融，同时，心理又受这两方面的制约。在设计教育中，三大构成、人机工程学、产品材料学等内容是基础，设计文化、设计哲学、设计美学等内容是相对而言的上层建筑，这两者需要有个中间地带作为连接，现在只有设计史、设计概论、系统论可以充当设计基础与设计理论之间的纽带。对设计的理论与基础之间的关系的论述，很少扩展到设计之外，现代设计认知心理研究就希望加强这个纽带。

3.1 认识与知觉的概述

认识与知觉心理是研究主体对于作用于感官的客体的整体把握与反应的学科。可以这样理解，把鸟和树的形象作为视觉刺激，鸟鸣作为听觉刺激，如图3.1所示，人通过眼和耳感觉到来自现象的刺激，这一过程称为“感觉和知觉”。

图3.1 鸟鸣

感觉是对直接作用于感觉器官的客观事物个别属性的反映。根据刺激的来源可把感觉分为外部感觉和内部感觉两类。知觉是在感觉的基础上，把过去的经验与各种感觉结合而形成的。感觉主要以生理机能为基础，具有较大的普遍性，因而有较小的个体差异，而知觉是纯心理性的，具有较大的个体差异。

3.1.1 感觉

感觉是人的认识活动的开始，人们通过感觉不仅能够了解客观事物的各种属性，如形状、颜色、气味、质感等，也能知道自己身体内部的状况和变化，如饥饿、疼痛等。其特点如下：首先，感觉反映的是当前直接接触到的客观事物的属性与状态，而不是过去的或间接的事物。记忆中再现的事物的映象，幻觉中各种类似于感觉的体验等都不是感觉。其次，感觉反映的是客观事物的个别属性，而不是事物的整体。通过感觉我们只能知道客体的声、形、色、质等个别属性，还不能把这些属性整合起来整体地反映客观，也还不知道事物的意义。最后，感觉是客观内容和主观形式的统一，它是客观事物在一定的主体身上形成、表现和存在着的。

感觉是人脑对直接作用于感觉器官的客观事物的个别属性的反映，感觉是刺激作用下分析器活动的结果，分析器是人感受和分析某种刺激的整个神经机构。它由感受器、传递神经和大脑皮层相应区域三个部分组成，感觉是一种最简单的心理现象，但它有极其重要的意义。

① 它是一切比较高级、复杂的心理活动的基础。

② 它是人认识客观世界的开端，是一切知识的源泉。

③ 它是人进行正常心理活动的必要条件。

感觉分外部感觉和内部感觉：

① 外部感觉：视觉，听觉，嗅觉，味觉，皮肤觉。

② 内部感觉：运动觉，平衡觉，内脏觉。

但是纯粹的感觉在实际中很少的，除了刚出生的婴儿外，一般感觉和知觉总是联系在一起。所以研究设计中的视觉其实就是设计与视觉的联系。

3.1.2 知觉

当客观事物直接作用于人的感觉器官的时候，人不仅能反映该事物的个别属性，而且能够通过各种感觉器官的协同活动，在大脑中根据事物的各种属性，按其相互间的联系或关系整合成事物的整体，从而形成该事物的完整映象，这一信息整合的过程就是知觉。知觉的产生以各种形式感觉的存在为前提，并与感觉同时发生，二者都是人脑对当前客观事物的反映，一旦客观事物在人的感觉器官所及的范围内消失，感觉和知觉就同时停止了，如图3.2所示。

3.1.3 认知

认知是人脑反映客观事物的特性和联系，并揭露事物对人的意义和作用的心理活动，即个体理解和获得知识的过程。从信息加工的观点来看，认知就是人对信息的接受、编码、操作、提取和使用过程，包括感知觉、注意、

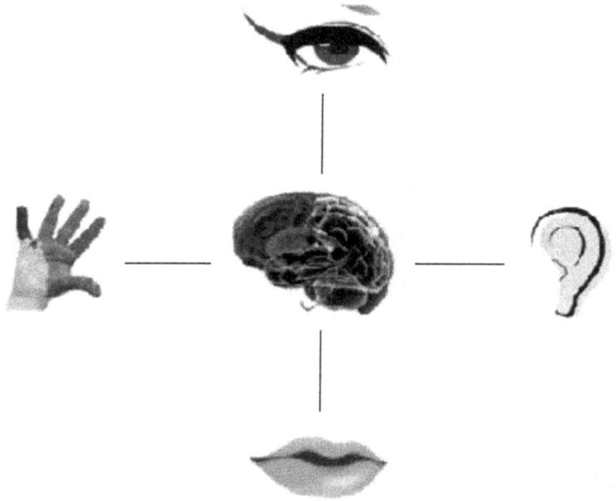

图 3.2 感觉器官认知

记忆、表象、思维、语言等。环境认知是指人对环境刺激的储存、加工、理解以及重新组合，从而识别和理解环境的过程。

3.2 认识与知觉的一般规律

现实生活中，人们一般都是以知觉的形式直接反映客观事物，感觉只是作为知觉的组成成分存在其中，心理学为了研究的需要，才把感觉从知觉中区分出来加以讨论。感觉与知觉统称为感知，平常所说的感觉往往也泛指感知。于是，当人们在环境中生存时，同时也对周围的环境产生了感知，即感觉。知觉产生发展的一般规律主要有以下几个方面。

① 知觉是从对环境中个别刺激的加工开始的。通常会经过刺激的觉察、刺激的辨别、刺激的再认和刺激的评定过程。

② 知觉包括认知的（思维的）、情感的（情绪的）、解释和评价的成分。

③ 环境刺激的物理能量转化为神经冲动，经传入神经传递到大脑。大脑借助以往的知识或经验对这些刺激做出解释，即将其与以前贮存于大脑的记忆表象进行比较和识别，这一过程在心理学中称为“统觉”或“认知”。

④ 随着接触时间的延长，个体对环境的知觉敏感性会发生变化，如果刺激恒定，反应越来越弱，则称为习惯化。这种习惯化对嗅觉刺激、味觉刺

激、噪声、光、压力、温度等都适用。

⑤ 在比较、识别和理解的基础上，产生对环境的判断或认识，称“行为的环境”。行为的环境不完全等同于客观的环境，而是感知后重构的环境。

⑥ 个人可能把感知到的环境信息贮存备用，也可能就此做出行动反应，究竟如何行动，取决于个人的兴趣、目的、需要、价值观和社会准则等因素。

⑦ 环境知觉体验。知觉体验过程可分为三个阶段：感觉、知觉——即一定时间内对所处环境的直接体验和感受；认知——对接收的信息刺激理解、学习、构造，并在心理上重现。其中，前两部分主要是生理、物理性的，而后一部分则是高级的心理活动过程。

3.3 认识与知觉的心理因素

认识与知觉，作为设计心理学研究内容中的一个重要分支，将引导人们如何去了解人与环境的关系；并将其理论纳入具体设计。相信认识与知觉带给人们的心理体验及其在实践环节的具体应用会得到进一步的提出，唤起一些仅是在观念领域内了解设计学科的人们站在知觉，甚至行为学领域重新思考，从而加深人们对环境知觉与环境认识的心理因素的探讨与研究。

如今，为了获得更多的物质来源，很多人放弃了本该用来休息和娱乐的时间，成天疲于奔命，不仅没有使自己的生活变得更好，反而因为这个目标让自己活得更累。这就是因为在追求的过程中，遗忘了自己最本能的需要是什么而造成的。为了让全社会更高速地运转，物质生活最大化丰富，利用机械化带来快节奏，但同时也使人类陷于能源短缺的危机之中，未来的物质生活受到了更大的威胁。环境设计也面临着同样的问题，所以在人类面对环境最本质、最潜在的知觉与认识需求时，人们的心理因素决定了知觉与认识的根本目的和方向。人类的共性心理因素包括以下几个方面。

3.3.1 人类的基本心理因素——动物性

1831 年，剑桥大学毕业的达尔文随贝格尔号巡洋舰出航南美，经过长达五年的环球考察和亲身实践，认识了物种的可变性，进而诞生了对整个人类观念都造成影响的《物种起源》。他在论述“本能”的专章中称：“在变动的生活条件下，本能些微的变异，可能对于物种有利，假使我们能证明本能确有变异，则不论其如何微小，只要有利，便不难为自然选择所保存而继续加以积聚。我相信一切最复杂的和最奇异的本能，都是这样起源的。”这一点无疑对建立科学的心理学产生了巨大影响。

事实上，早在达尔文之前，法国生物学家拉马克就已经提出了生物天生有趋于完善要求的两条规律。

① 用进废退，即经常用的器官就发达，不用的器官就退化；②获得性遗传，即生物由于用进废退或其他环境条件影响所获得的新性状，可以遗传给后代。

由此，掀起了关于人与动物在心理上的异同的连续性研究热潮，达尔文在《人类的由来及性选择》中探讨了人类的起源和发展，并和赫胥黎、海克尔共同创立了“人猿同祖论”。无疑，人就其本质而言首先是动物。那么作为动物对环境最根本的需求是什么呢？自然学家曾做过试验，如果一只狐狸或兔子被捕捉养在笼中，动物清澈的眼睛会很快变混浊，皮毛失去光泽，精神随之衰弱，这是由于它与自然离得太远。我们的祖先和它们一样是生活在草地、森林、海洋和平原的动物，我们从本性上渴望吸入新鲜的空气，脚踩干爽的路面，沐浴温暖的阳光，天生喜欢泥土的芳香、绿叶的清新、天空的蔚蓝和宽阔。内心深处，我们向往这一切，它时而强烈，时而沉寂，但从未消失。今天，那由钢筋混凝土组成的城市森林里，我们又能感受到多少大自然的气息呢？人类最原始的需求在我们自己精心规划的环境里迷失了方向。然而，我们并不是要尝试将人还原为动物，重新归于原始森林进行生活。进化使得人在面对一个纯自然环境时，不再比任何动物更具有适应它的能力，没有锋利的獠牙，没有逃跑的速度，甚至没有可以伪装自己的皮毛，但独一无二的思考能力决定了我们最终成为这个世界的主宰者。所以，对自身环境的要求也不会仅满足于这种低层次的动物性上，人类本身所特有的精神属性决定了我们必然还会有更高层次的需求。

3.3.2 人类的较高心理因素——美的需要

就渴望美和秩序来说，人比一切动物都更强烈，我们总是本能地追求和谐，规避杂乱和冲突。这遵循着“欲望—知觉—满足”的认知过程，人的欲望是追求美的心理动因，而知觉是审美的运动过程，在这个过程中知觉始终受到欲望的支配，通过知觉的感知获得美的信息而使人的心理在审美活动中得到一定的满足。美感的体验就是一种心理平衡，而这种心理平衡来源于有组织的艺术形式对观赏者的刺激作用，来自主体对形式的美感体验和情感的“渗化”。因为在审美过程中，个体的情绪变化基本上处于中度兴奋状态，是一种适度的情绪激活，这种状态会导致心理平衡。

对美的追求是人类生命中基本欲望和需求的转化。精神分析学派将这种转化称为基本欲望的“升华”，弗洛伊德在他的《图腾与禁忌》(图 3.3)一书中谈道：“升华——借着自我的提升把自己从心理上的困境以更合理或更积极的方式表达出来，幻想——借着幻想来满足自己的希望、祈求，艺术是一种典型的代表。”马斯洛在论述关于“需要层次”的理论中，将审美的需求列为人最高层次的需要，是一种超越了生存满足之后的生长需要，来源于渴求发展和实现自身潜能的欲望，当这种需要得到满足时，人才能得到深刻的幸福感，也就是“顶峰体验”。可见，对美的渴望是人类的一种高级形式的欲望，它在人类基本欲望的基础上形成和发展起来，是人生各种欲望的集中体现，能把人的自我精神从沉睡中唤醒，美也是欲望中的一种精神力量。

图 3.3　弗洛伊德的《图腾与禁忌》

我们的祖先在长期的生产劳动和相互交往中逐渐有了美感，在最初的意识萌芽中产生了“美”这个概念，美感的产生是文明的开始，是人类生活中的一种自我意识，是在自我欣赏和对物的欣赏中产生的一种占有感。所以，美感是后天的、习得的，它与人类的学习行为密切相关，但我们并不能由此否认它的生物学基础。

因而，我们不会仅满足于大自然提供给我们的栖息地，而是会根据自己对美感的意识来进行相应的改造，以满足自己的审美需要。如环境设计中我们强调比例、序列、节奏感、对比、平衡等组合方式的重要性，正是源于人类长期以来所积累的美感体验。

3.3.3 人类的最高心理因素——改造环境

从人和环境同时存在于地球上的那一刻起，这两者就在彼此交融，环境影响并制约了人的行为，人则不停地对环境进行着改造，而且是占有性的改造。软黏土上的指纹，以及像西班牙卡斯蒂洛洞穴中那样，以手掌为模，喷色后留下的4万年前的印记，表明人是如何执意要留下自己的痕迹，要在围绕自己的世界上放上自己的记号。我们可以从这样的起源上看到人类对环境进行改造的原始动机：通过打上记号而投身于世界和把世界据为己有。

对环境的实质性认识和改造首先来源于生存的优先权，生命不仅需要空气、水和食物，作为具有高级文明的人类，我们还需要一个所有基本生存条件都被赋予了个性的系统，我们常说“见物犹人”，就是指一件物体由于长期与某个人之间有关联而带有此人的气息和个性，从而见物犹如见人。对身边的环境进行个性化的改变，可以使环境产生亲切感和附属感，这在一定程度上满足了人类对于安全感的心理需要。常言道：“金屋、银屋，不如自己的茅屋。”就是因为别人的屋子缺乏带有自己个性暗示的环境陈设，即便再豪华也无法产生亲切温馨的感觉。某些词汇如外国人、流浪汉、陌生人、入侵者等，强烈地暗示了不确定或带有陌生感的环境属性，给人以不安全、紧张或恐惧的心理。同样，环境中某一可识别性的景观如果长期与人发生关系，这种熟悉感会带来感情上的个性相通。

综上所述，我们还常会受到保留着的动物的本能的驱使，这一点可以在弗洛伊德的快乐原则里找到解释，同时，也存在着作为人类所特有的对多种环境的需求，在环境设计时有必要了解并适应这些本能和需求，许多工程的失误都是起源于设计师对这一系列简单事实的认识不足。

3.4 认识与知觉的特性

3.4.1 认识与知觉的多感觉性

认识与知觉是人感受外界环境的过程，它由视觉、听觉、嗅觉、触觉和味觉等多种感觉综合而成。这些知觉的感受器官按照不同的职能，分为距离型感受器官（眼、耳、鼻等）和直接型感受器官（皮肤和肌肉等）两种，它们各自有着不同的分工与工作范围。其中，触觉和味觉需要直接接触才能感知。而视觉、听觉和嗅觉可相隔一定的距离感知，但感知范围与认识程度也有着明显的局限性。现实生活中人在多通道同时接受环境信息时，不同的感觉相互起着加强或削弱的作用。一般规律是，弱刺激能提高另一种感觉的感受性；而强刺激则会降低另一种感觉的感受性。应当注意的是，视觉在环境知觉中占有支配地位，其他感觉所提供的信息可以依靠视觉来加强它的作用，而不是削弱和破坏它。但是当视觉提供的信息不足时，其他感觉提供的信息可能起到主要作用。联觉是感觉相互作用的另一种表现形式，它是一种感觉引起另一种感觉的现象，比如“观一叶落而知天下秋”“有水必有源，有声必有鸟”以及由淙淙泉水而联想到泉源幽境和汇而成潭的情趣等。联觉的形式很多，色彩的联觉在建筑装修中得到广泛的应用。

3.4.2 认识与知觉的整体性

知觉与认识对象是由许多个部分组成的，各部分都有不同的特征，但人们总是把它作为一个统一的整体，原因是很多事物都是由各种属性和部分组成的复合刺激物，当这种复合刺激物作用于我们的感觉器官时，就会在大脑皮层上形成暂时神经联系，以后只要有个别部分或个别属性发生作用，大脑皮层上的有关暂时神经系统就会马上兴奋起来并产生一个完整映象。知觉与认识的整体性是多种感知器官相互作用的结果，其感知的快慢，与人的经验和知识的参与有关。

3.4.3 认识与知觉的选择性

客观事物是多种多样的，在一定时间内，人们总是选择少数能从背景中区别开来的事物作为知觉与认识对象，如与背景差别较大的对象或是固定不变的背景上的活动对象等，并对此做出清晰反应；这一过程中，被知觉与认识的对象好像从其他事物中突出出来，出现在前面，而其他的事物就退到后面。知觉与认识的选择性揭示了人对客观事物反映的主动性。

知觉与认识的选择性依赖于个人的兴趣、态度、需要以及个体的知识经验和当时的心理状态，还依赖于刺激物本身的特点（强度、活动性、新异度、对比度）和被感知对象的外界环境条件的特点（照明度、距离等）。

3.4.4 认识与知觉的恒常性

当知觉与认识的条件在一定范围内发生改变时，知觉与认识的映象仍然保持相对不变，这就是知觉与认识的恒常性。知觉与认识的恒常性对生活有很大的作用，正确地认识物体的性质比单纯地感知局部的物理刺激物有更大的实际意义，它可以使人们在不同情况下，按照事物的实际面貌反映事物，从而能够根据对象的实际意义去适应环境。

3.4.5 认识与知觉的理解性

知觉与认识的理解性表现为人在感知事物时，总是根据过去的知识经验来解释它、判断它，把它归入一定的事物系统之中，从而能够更深刻地感知它。从事不同职业和有不同经验的人，在知觉与认识的理解上存在差异。如工程师检查机器时能比一般人看到、听到更多的细节；成人的图画知觉与儿童相比，能更深刻地了解图画的内容和意义，知觉与认识到儿童所看不到的细节。知觉与认识的理解性主要受言语的指导作用、实践活动的任务，以及对知觉对象的态度等影响。

3.5 设计认知理论

环境认知应该是知道环境或具有环境方面的知识。它是指人对环境的储存、加工、理解以及重新组合，从而识别和理解环境的过程。主题是如何获得并对环境知识进行加工的过程。以下由认知地图为例讲述认知理论。

认知地图是在过去经验的基础上，产生于头脑中的，某些类似于一张现场地图的模型。是一种对局部环境的综合表象，既包括事件的简单顺序，也包括方向、距离，甚至时间关系的信息。

(1) 认知地图的方法

① 对某一环境进行图示反应。再认一个人心理贮存的环境图像。

② 画草图。运用一系列方法请某一环境中的个体勾画出来他头脑中对这一环境的表象。

③ 再认任务。除了画草图，还请被试报告他们是否能在一些不熟悉地方的图片中，插入一些标志的图片。

④ 距离估计并建造统计意义上的地图。不用画草图，而是让被试简单地估计一个环境中两个地点间的距离。

⑤ 认知地图的五种关键维度：路径、边界、区域、结点及标志。

路径：人们在环境中所使用的行进通道，如街道、河流、地铁线、步行街等。

边界：不一定是线性成分，但倾向于是线性的，有限定和封闭的特征，如国界、海岸线等。

区域：是认知地图中较大的空间，它们具有一些共同的特征，如宿舍区等。

结点：行为较为集中的点，它连接主要的路径，或者是几条路径的终点，或者是路径在此处中断，如交叉路口、车站广场、交通枢纽等。

标志：人们用作参照点的特征突出、明显的界标和标志，通常从较远处就可以看到。

(2) 认知地图可能发生的错误

一类是认知地图中有时会出现丢失一些环境表征或表征不完整的现象，这种错误被称为简单化。另一类常见的错误是失真，即地理特征、方位以及距离上的不正确表征。除了减少、丢失某些成分，还会出现添加成分的错误。

(3) 认知地图的影响因素

对环境的熟悉程度，个体的社会阶层及一些个体差异特征都会影响认知地图的特点。环境熟悉程度对认知地图的影响表现在对环境越熟悉，认知地图就越完善，越清晰，细节越多，也越接近自然。社会阶层对认知地图的影响表现在中产阶级或高阶层的个体对自己所处环境的认知地图较正确。在个体差异特征中，认知地图的性别差异比较明显，在总体上男性的视空技能优于女性。

(4) 认知地图的获得过程

① 成年人与儿童的认知地图的获得。

成年个体与儿童对环境发展出认知地图的阶段基本一致。不同在于，成人到一个新的环境，利用出版的地图，能很快建立起这一环境的认知地图。

② 个体认知地图的发生过程。

随着年龄的增长，对周围环境探索经验的增加，儿童逐渐具有了参照系统。7岁左右的儿童开始具有了与成人差不多的认知地图。空间环境的表征需要4个连续发展的阶段，即：注意并记住路标；构建路标之间的路径；对一些路标和路径形成组块、群集；这些组块、群集再与其他特征一起整合进总体认知地图的框架中。

(5) 记忆认知地图的表征

很多人的认知地图代表了它对环境的理解。物理环境的某些特征可能使其知觉更为重要或更加突出，于是也就更可能在记忆中储存。认知地图是如何表征的？我们可以从心理表征的确切形式和记忆、提取过程的组织和结构上来讨论。

关于表征的形式，一种观点认为，我们的记忆是环境的“心理意象”或“心理图片”，即模拟的表征，就像一些幻灯片储存在我们的脑中一样。另一种观点认为，在我们的脑中储存的是整个基于意义的命题和陈述。环境中的成分用一些概念来代表，每个概念与其他的概念由可检测的联系联结在一起。我们可以使用这种命题网络很快构成模拟表象。

总之，认知地图在脑中记忆的表征形式有两种，一种是类似于外界环境的心理图像或意象；另一种是命题式的，是基于数据意义基础上的贮存。

(6) 寻路

① 哪些情境特征会促进寻路。寻路是一种非常复杂的活动，包括决策、计划和信息加工，所有的这些全都依赖于理解空间和心理控制的能力，这种能力即为空间认知能力。许多研究表明，有三方面的情境特征可以促进寻找路径，它们是不同地点和位置的可区分性，视觉接近的程度以及空间规划的

复杂性。可区分性是指邻近位置、地点如果相似性少，就不容易混淆；视觉接近的程度是指从很远的地方就可以一眼看到，也有助于定位；空间规划的复杂性是指交叉路口结点越少越简单，就越不易迷失方向。

② 促进空间行为的方法。学习即对环境的探索经验，可以促进认知地图的形成和完善。如何改进老年人寻找路径的能力。老年被试到一陌生的老人护理院里，被分成三组：第一组对这一环境的熟悉过程是被人引导的个别参观；第二组以同样的顺序亲身观看老人护理院模型；第三组是控制组，直接要求找到某一地点。结果发现，前两组的被试的找路成绩好于控制组。这表明探索、看照片、看模型这些空间学习，都可以促进空间行为及认知地图的获得。

③ 指路地图。一些空间规划比较复杂的大型广场、博物馆、地铁总站、购物中心，为了便于人们的寻路行为，在一些交叉路口、结点上都设置有“你在这里”的指路地图。指路地图应遵循两个简单原则：第一，与周围环境具有结构匹配性；第二，方位指向不一定是地理坐标系统，而是自我指向的参照系统。

④ 认知地图和指路地图的异同。指路地图与标准地图的相同之处在于，各种特征与周围的实际环境相一致。不同之处在于指路地图的方位不一定是上北下南，左西右东，只要在自我指向时，图示位置与周围环境结构匹配就可以了。标准指路地图的各方面是客观的，不能任意添加、减少、歪曲。而认知地图是主观的，很多主客观因素会影响它的准确性和对客观环境的吻合程度。

3.6 设计知觉理论

3.6.1 知觉理论

知觉可以通过两个过程完成，一是自上而下的过程，即概念驱动；另一个是自下而上的过程，即数据驱动。格式塔理论认为，我们的大脑以一种主动的方式对刺激进行建构，提出整体大于局部之和的原则。

功能主义理论强调有机体对环境的适应，即生物个体要寻找能使它们有最大程度生存的机会。这种观点也称为生态学观点，认为人类天生具有知觉环境中对他们有功能价值的能力。知觉中学习和经验的重要结果是关于我们周围环境的假设的发展，这种假设有时会导致误会知觉或错觉。

概率功能主义，即布伦斯维克的透镜模型，它是布伦斯维克用数学来描述个体知觉过程的一个模型。当对包含多维度刺激的大环境作判断时，我们会给不同的刺激线索赋予不同的概率值，并对一系列散在的环境信息过滤，将其重新结合成有序统一的知觉。个体利用歪曲的信息对环境的真实特征作可能性的判断，它强调知觉是一个概率计算的过程，受到个体差异的影响。

3.6.2 格式塔知觉理论

格式塔心理学诞生于1912年，兴起于德国，是现代西方心理学主要流派之一，后来在美国广泛传播和发展，主要代表有韦特海默（M. Wertheimer）、考夫卡（K. Koflka）和苛勒（W. Khler），现象学是其理论基础。

格式塔，德语意指形式或图形，同时具有英语中“组织”的含义，英译为configuration或音译为Gestalt，中译“完形”或音译为“格式塔”。作为心理学术语的格式塔具有两种含义：一指事物的一般属性，即形式；一指事物的个别实体，即分离的整体，形式仅为其属性之一。也就是说，“假使有一种经验的现象，它的每一成分都牵连到其他成分；而且每一成分之所以有其特性，即因为它和其他部分具有关系，这种现象便称为格式塔”。格式塔不是孤立不变的现象，而是通体相关的完整的现象。完整的现象具有它本身完整的特性，它既不能被割裂成简单的元素，同时它的特性又不包含于任何元素之内。

在格式塔心理学知觉理论的应用中，差不多把格式塔视为“有组织整体”的同义词，即认为所有知觉现象都是有组织的整体，都具有格式塔的性质。于是，凡能使某一感知对象成为有组织整体的因素或原则都被称为格式塔。

3.6.3 生态知觉理论

生态知觉理论由吉布森（J. Gibson）提出，主要强调人类的生存适应，如寻求生活资源及配偶、预防伤亡、成功旅行等。

生态知觉理论认为，知觉是一个有机的整体过程，人感知到的是环境中有意义的刺激模式，并不是一个个分开的孤立的刺激。因此，对我们来说，不需要从环境作用中获得感觉刺激，再将感觉刺激转化为人们可以认识的现象。如河湖可供人捕鱼、游泳、行船、取水，但不能供人睡觉和散步。自然界中许多客体具有恒定的功能特性，吉布森称环境客体的这种功能特性为“提供”。而环境知觉正是环境刺激生态特性的直接产物。人在观察客体时看到的东西怎么样无关紧要，重要的是你看到了什么。从生态观点来说，知觉就成为一个环境向感知者呈现自身特性的过程。当有关的环境信息构成对个人的有效刺激时，必然会引起个人的探索、判断、选择性注意等活动，这些活动对个人利用环境中客体的有用功能如觅食、安全、舒适、娱乐等尤其重要，人只有通过探索和有效的分配注意才能有所发现。

3.6.4 概率知觉理论

知觉是人主动解释来自环境的感觉输入的过程，而环境提供给我们的感觉信息从来都不能准确反映真实环境的特性。事实上，这些信息往往是复杂的，甚至使人产生误解，可被看作是对真实设计信息的推测。

人作为自然界中主动的一方。在接收到来自环境的一组刺激之后，经过滤、重组，聚焦为一个整体的知觉。然而，由于个人所生活的时空的局限性，不可能对所有的环境取样。所以，我们对任何给定环境的判断也不可能是绝对肯定的，仅仅是一种概率估计，个人可以通过在环境中的一系列行动评价它们的功能效果，检验概率判断的准确性。

在感知物质环境中个人起着极其主动的作用这一观点，在阿德尔伯特（Adelbert）的相互作用心理学中得到进一步发展。阿德尔伯特指出，知觉过程中个人的作用是动态的、创造性的，个人对环境的概率判断有明显的个性，反映个人独特的观点、需要和目的。我们每个人所了解的世界多半是根据我们与环境交往的经验而创造的世界。

3.6.5 知觉与设计

知觉就是人脑对直接作用于感觉器官的客观事物的整体属性的反映，一般知觉按不同标准可分为几大类。

① 以起主导作用的分析器来分类，可分为视知觉，听知觉。
② 根据知觉对象分为空间知觉，时间知觉，运动知觉。
③ 根据有无目的分为无意知觉和有意知觉。
④ 根据能否正确反映客观事物分为正确知觉和错觉。

3.7 设计视知觉理论

视知觉的产生是由于光波作用于视觉分析器而产生的。视觉适宜刺激波长在 760～380nm 之间，也叫可见光，视觉器官是人眼球，按功能分为折光系统和感光系统两部分。人对平面空间的视知觉规律包括以下几个方面。

3.7.1 在垂直方向上的视觉

由于地心引力即重力关系，人们习惯了从上向下观看；水平面上，人们习惯从左向右观看，这与文字从左向右的常见排列方式是一致的。这样一来形成了在有限平面里，观看者视线落点为先左后右、先上后下的规律，相应地这个平面的不同部位成为对观看者吸引力不同的视域，其吸引力大小依次为左上部、右上部、左下部、右下部，所以平面左上部和上中部可以称“最佳视域”。当然这种划分受文化制约，比如阿拉伯文从右向左横行书写，中国古汉字从右向左排列，这时人们的阅读习惯会有所改变，最佳视域就会成为右上部了。最佳视域在版面设计、广告设计、招贴设计、包装设计中相当有价值。

3.7.2 运动中的视觉

人们除了观看相对静止的审视对象外，更多的是运动和参照，即移步换景，多视角、多方位感知。展示设计中观众在展示空间当中的行走轨迹也被称为“动线”，动线不仅是空间位置变化的体现，也是时间顺序的体现。这种动线不仅在展示设计中，而且在室内设计、园林设计、建筑设计中都是一个不可忽略的因素。设计师既要依据设计主题、内容、主次、节奏，通过诸如空间分割、景点分配、标志导语等安排观众动线，也要考虑观众的视知心理。

3.7.3 视觉“联觉”

任何事物都是一个整体，组成该事物的各个部分相互联系，互为依存，事物各个特性的感知也与其他特性感知相联系，因而在一定条件下，人们可以通过视知觉把握到事物一些相应的其他感觉的特性。

这种现象为什么产生？——与人的“联觉”有关，它其实指感觉相互作用，某种感觉感受器的刺激也能在不同感觉领域中产生经验。抽象主义大师康定斯基在其《论艺术的精神》中说，视觉不仅可以与味觉一致，而且可以和其他感觉相一致。

当然关于“联觉”这种生理机制，现在还不能说得十分清楚，有心理学家认为它是两种或多种分析器中枢部分形成的感觉相互作用的结果，是分析器相互建立起特殊联系的产物。这种经验有赖于生活经验，正因为经验和知识储备，人们才能理解事物视觉特性与非视觉特征的联系，才可能直接观照到对象的重量、质地、温度等，如图 3.4 所示。

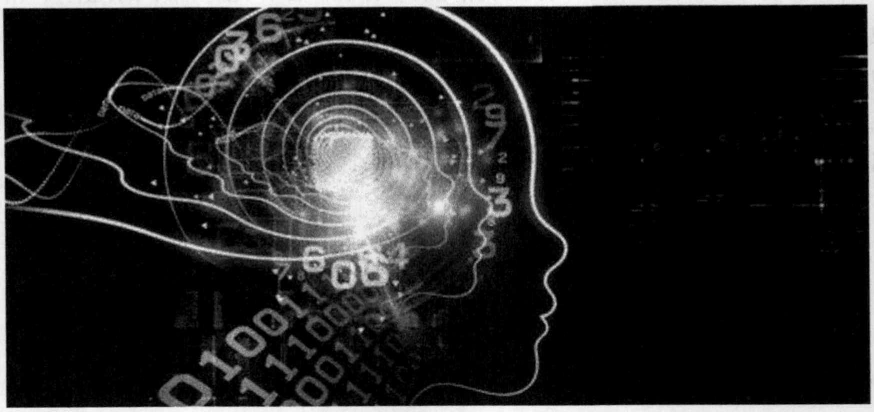

图 3.4 “联觉”机制

3.7.4 视觉质感

视觉心理学家德鲁西奥·迈耶把上面这些现象称为“视觉质感”。这一术语很好地描述了我们看到的质感，这种视觉质感吸引我们亲手去摸或同我们眼睛很接近，通过质感产生一种视觉上的感觉，这其实同样适用于一件雕塑等建筑产品，适用于室内装饰设计、陶瓷、工业产品设计，同样适用于质感出现任何场合，当然看出质感有赖于诸如粗糙、光滑、坚强等相对具体的体验。

在多数情况下，设计产品的受众触觉是通过视觉质感调动起来的，或者说首先被调动起来，再由他们亲手触摸加以验证。所以现代设计师，尤其是平面图像设计师，应当根据需要把调动受众质感能力纳入思考范围，也就是说考虑受众的相对共同生活经验也成了必要的事。

通过学习认识与知觉设计心理，我们了解设计心理学的基本理论体系。认识与知觉设计心理是设计学与心理学交叉发展出来的，主要是研究行为与心理的相互关系在设计中的应用。从心理学的角度来看，认识与知觉设计心理是设计专业针对人的各种行为心理进行分析研究，在社会—人—机—环境的大系统中，认识与知觉设计心理所研究的人其自身的心理各因素不可避免地与其他因素发生相互作用。对设计而言，首先要将人自身的各心理因素分析清楚，同时明白社会、环境对人的影响，然后才能设计出实用的产品和空间，进而影响社会和环境。现代设计认知心理学的研究目标就是弄清楚人的因素，明确设计在社会中的作用与地位，进而勾勒出设计的整体轮廓。现代设计学、心理学都是跨学科的综合体，将它们结合在一起，就要将横向的各门学科综合研究。结合设计、心理学、艺术、文化等多种方面对设计进行研究，构成现代设计认知心理学的大概轮廓。通过对相关心理的分析研究，最后反应于设计中，使设计能够反映和满足人们的心理。

习　题

1. 填空题

（1）________与________心理是研究主体对作用感官的客体的整体把握与反应的学科。

（2）________是对直接作用于感觉器官的客观事物个别属性的反映。

（3）________是人脑对直接作用与感觉器官的客观事物的个别属性的反映，________是刺激作用下分析器活动的结果，________是人感受和分析某种刺激的整个神经机构。

（4）当客观事物直接作用于人的感觉器官的时候，人不仅能反映该事物的个别属性，而且能够通过各种感觉器官的协同活动，在大脑中根据事物的各种属性，按其相互间的联系或关系整合成事物的整体，从而形成该事物的________，这一信息整合的过程就是________。

（5）________是人脑反映客观事物的特性和联系，并揭露事物对人的意义和作用的心理活动，即个体理解和获得知识的过程。

2. 选择题

（1）从环境心理学的角度出发，环境是引起心理反应的各种周围属性的综合，其概念始终是和行为联系在一起考虑的，其按类型可以分为以下三大类：______。

A. 物理环境　　B. 社会环境　　C. 象征环境　　D. 人工环境

（2）感觉是一种最简单的心理现象，但它有极其重要的意义。感觉分______。

A. 外部感觉　　B. 内部感觉　　C. 心理感觉　　D. 客观感觉

（3）______是人感受外界环境的过程，它由视觉、听觉、嗅觉、触觉和味觉等多种感觉综合而成。

A. 认识与知觉　　B. 感觉与知觉　　C. 设计与心理　　D. 认识与感受

（4）环境认知应该是知道环境或具有环境方面的知识。它是指人对环境的______，从而识别和理解环境的过程。

A. 储存　　B. 加工　　C. 理解　　D. 重新组合

3. 思考题

（1）认识与知觉的一般规律是什么？

（2）简述人类的较高心理因素。

（3）人类的认识与知觉心理因素包括哪几部分？

（4）试论述认知地图法。

（5）阐释格式塔知觉理论。

（6）什么是生态知觉理论？

（7）什么是概率知觉理论？

第 4 章　设计心理学现象

掌握现代设计自身的一般规律，不但可以对现代设计的教育教学产生一定的影响，而且也能促进当前设计领域各个设计水平的提高。

设计心理现象是对视觉艺术的心理反应现象，它的信息传达是和人类的设计心理密不可分的。针对设计心理学的研究在很早时就引起了人们的注意，但其主要研究者大都集中在设计生理学现象研究方面。从 20 世纪初到现在，欧、美、日的研究者们出版了大量的设计心理学及艺术心理学著作，如英国剑桥大学心理学家格列高里出版了《视觉心理学》，卡洛琳 · M. 布鲁墨出版了《视觉原理》、美国著名的美学家鲁道夫。阿恩海姆出版了《艺术与视知觉》和《视觉思维》、英国美术史家 E. H. 贡布里希出版了《艺术与错觉》、日本的学者中川作一出版了《视觉艺术的社会心理》，以及对设计元素进行研究的朝仓直巳出版了《艺术•设计的平面构成》等。

我国的设计心理学现象的研究则一直落后于西方发达国家和日本。但是，随着改革开放的深入和我国设计事业的蓬勃发展，我国的设计师和理论家都开始注意到了设计心理学现象对设计艺术发展的重大意义。因此在近几年的学术界研究中，对设计心理学现象的研究在逐步地走向深入，不过这些研究都还停留在艺术与设计的大的领域内，对具体设计的心理学研究还没有完全展开，因此，针对这个领域的研究具有一定的实践和指导意义。

4.1　设计心理学现象的概念

4.1.1　设计心理学

心理和心里概念不同，心里是指人的内心；心理是指人的心理现象。心理现象是由心理过程和个性两大方面组成，可归纳如下：一是心理学，二是心理现象。

人的心理由心理过程（认识过程、情感过程和意志过程）和个性心理特征（气质、性格和能力）所构成，故心理学是研究人的心理过程和个性心理特征规律的科学。人的心理是脑的功能，是客观存在的主观反映，故心理学也是研究客观现实在人脑中的主观映象及其能动作用规律的科学。

设计心理学是研究设计心理与消费心理规律的学科。设计心理与消费心理规律指认识、情感、意志等心理过程和能力、性格等心理特性。辩证唯物主义心理学肯定心理是客观现实在脑中的反映。从脑的反应机制来说，人是自然实体；从反映的现实内容来说，人又是社会实体。因而有人认为人类心理学是既有自然科学性质，又有社会科学性质的科学。

4.1.2 设计心理现象

设计心理现象包括两方面：设计师与消费者的认识、情感、意志等心理过程和能力、性格、气质等心理特征。研究心理现象的规律是心理学的基本任务，它主要是研究心理活动的过程及其机制，心理特征的形成及其机制，心理过程和心理特征的相互关系等。

4.2 心理现象的相关学科

4.2.1 社会心理学

社会心理学是用心理学研究方法建立起来的。社会心理学分析个体的心理变化过程，找出影响个体行为的社会条件，揭示制约个体行为的动机、态度以及自我概念如何发生作用等。心理学的社会心理学对于社会学习的心理过程特别重视，并且大都是以实验作为依据来进行研究的。

4.2.2 听觉心理学

听觉心理学是实验心理学的一个重要分支，是研究以听觉感觉器官为主体形成的感觉与知觉规律的学科，如图 4.1 所示。

它主要采用实验心理学的原则与方法，其研究内容包括：听觉系统的构

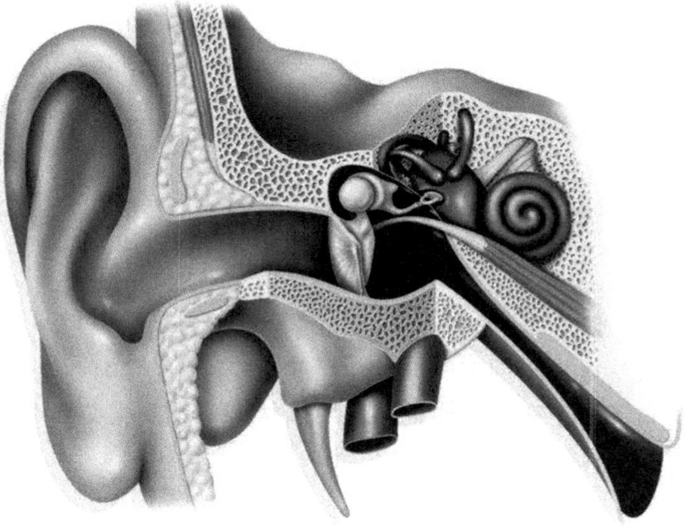

图4.1 听觉感觉器官

成与听觉形成的机理；响度、音高等心理量的形成，它们相互间的影响以及与刺激量间的关系；音色的形成与评价；听觉阈限与掩蔽，拍频与失真等听觉现象；噪声的度量及噪声对人的影响，等等。

4.2.3 特殊环境心理学

特殊环境心理学是心理学分支之一。研究人在高空、高温、深水、高山等特殊作业条件下心理活动的特点和规律。特殊环境心理学为创造条件使人适应在这些特殊环境下的工作提供了必要的心理学根据。它包括很多分支，如宇宙航行心理学、航海心理学、潜水心理学等。随着人类活动范围的逐渐扩大，它的分支也将越来越多。

4.2.4 信息加工心理学

认知心理学（cognitive psychology）是20世纪60年代兴起的心理学研究方向，是探讨认知的心理学，由于这种心理学的主要研究对象是信息的加工，所以又被称为信息加工心理学。其核心是用信息加工的观点和术语说明人们的认知过程。这种信息加工观点在西方心理学界影响很大，是西方心理学发展中的重大变革，它表明西方心理学对一些基本问题的看法发生了深刻的变化。

4.2.5 环境心理学

环境心理学这一概念是1970年左右由美国的一些心理学家，如普柔森斯基（Proshansky）、伊太莱逊（Ittelson）和瑞威林（Riylin）正式提出的。20世纪70年代中期以后，纽约市立大学心理学系为首的少数几个心理学系开始提出环境心理学的课程大纲，并开设了环境心理学课程。1978年，科罗拉多州立大学以比尔（A. Bell）为首的三人所著的《环境心理学》一书中，对环境心理学这一概念进行了相对明确的解释。环境心理学是一门新兴的学科，主要研究环境（噪声、拥挤等）与人相互关系。

4.3 设计心理学中的心理现象

方法论对心理学研究有重大的意义，它的原则的正确与否有力地影响着心理学研究的结果。西方心理学的一些流派在理论上的弊病常常与他们在方法论上的失误有关。我国心理学的方法论基础是辩证唯物主义和历史唯物主义，在它的指导下形成了一些一般的原理和原则，如客观性原则、心理意识能力等。其具体的与设计相联系的概念如下。

① 品牌个性在心理学上的定义是指一个人性格中的内在稳定因素，这些因素使得一个人的行为在不同的场合表现出一致性，并与其他人在相同情况下的行为具有差异性。

② 意志在心理学上的定义是指在实现预定目的时，对自己克服困难的活动和行为的自觉组织和自我调节。人的意志行动具有明确的目的性，目的性愈强，意志行动的水平就愈高。相反，目的性愈差，意志行动的水平就愈低。

③ 个性是指个人所具有的意识倾向性（包括需要、动机、兴趣、信心、理想、世界观等）与经常出现的、相对稳定的心理特征（包括气质、性格、能力）的总和。

④ 偶像剧流行是一种时尚，心理学对它的定义是在一定时期内，在社会上或某个群体中普遍流行的某种影视剧，它具有短暂性、新奇性和较宽的波及面。偶像剧流行是现代社会的精神特征之一。

⑤ 心境的词典意义是指“心情（的好坏）”，而在心理学上则是指一种比较持久的、微弱的、影响人的整个精神活动的情绪状态。

⑥ 习惯，在心理学上是指实现某种自动化动作的需要或心理倾向。习惯一经养成，如若得不到实现，人就会有某种不适之感。习惯具有两重性，既有好习惯，也有坏习惯。

⑦ 无用意识在心理学上是指一个人在某方面的失败次数太多，便自暴自弃地认为自己是个无用的人，从而停止了任何的尝试和进取的心理状态。

⑧ 素质，在心理学上是指人的神经系统和感觉器官上的先天的解剖生理特点。显然，这里主要指的是遗传素质。人的心理来源于社会实践，遗传素质是人的发展的基本条件。

⑨ 数学技能，在心理学上一般是指一些按固定步骤进行，具有常规思路，可以通过少量练习达到熟练化，甚至自动化的心理操作过程。

⑩ 笑，在心理学上是指面部表情的一种，情绪状态不同，传递的信息、发生的刺激也不同。托尔斯泰的作品中曾描写过 97 种笑态。

⑪ 错觉，在心理学上是指人在特定的条件下对客观事物必然产生的某种有固定倾向的歪曲的知觉。在日常生活中，人们所说的错觉要比心理学上的错觉含义宽泛得多，如图 4.2 所示。

图 4.2　人在高空条件下的错觉

⑫ 感情在心理学上的定义是人们对于某一事物的态度的体验。心理学还在分析了人的暂时神经联系的巩固系统的基础上，着重指明，感情和认识密切联系而又截然不同。

⑬ 节奏感（rhythmsensation），在心理学上是指个体对运动表象或自身运动的时间与空间动态特征的知觉。

⑭ 迁移的心理学定义为一种学习对另一种学习的影响。学生是从教材教学中获得各类信息和各项有待培养的感性能力的，随着迁移导向训练的不断内化，就能逐渐成为一种能力。

⑮ 抑制，在心理学上指人类的心理是脑的机能和客观事物的主观反映，简言之就是知、情、意。用控制论的观点来解释就是借助语言形式呈现于人脑的信息是一种最高级的信息控制过程。

⑯ 失落，心理学上是指人们在某种动机推动下，在实现目标的活动中，遇到无法克服或自以为无法克服的障碍或干扰，使其需要或动机不能得到满足，而产生的紧张状态和消极的情绪反应。

⑰ 自卑感，在心理学上是指在和别人比较时，低估自己而产生的情绪体验，是一种心理上的缺陷。著名心理学家阿德勒认为，人人都有自卑感，只是程度不同而已，而人类的所有行为都是出自对自卑感的克服与超越。

⑱ 激发兴趣，在心理学上是指把学生已经形成的潜在的需要充分调动起来。要把学生的学习兴趣激发起来，教师的指导是非常重要的。

⑲ 素质一词，在心理学上是指一个人与生俱来的先天特点，即遗传素质。如大脑的功能、高级神经活动的特点、感官的特点等。

⑳ 挫折，在心理学上是指个体在从事有目的活动中遇到的障碍、干扰，致使个人动机不能实现，个人需要不能满足而引发的一种消极的心理状态，也就是俗话所说的“碰钉子”。

㉑ 抗挫折能力在心理学上的定义为个体遭遇挫折时免于行为失常的能力。

㉒ 逆反心理，在心理学上是指在一定的外界因素的作用下，对某类事物产生厌恶、反感并产生与该事物发展的常理背道而驰的举动的一种心理状态。

㉓ 悬念，在心理学上是指人们急切地盼知某种事物的一种心理状态。戏剧中一些有戏剧性的情节、场面和动作，能使观众产生想看下去的情绪和急切想知道人物命运和剧情进展如何的心情，这种神秘的力量，就叫“戏剧悬念”。

㉔ 心理状态在心理学上是指当前时刻已确定的心理活动的相对稳定的水平，是心理活动的效应或背景，人的心理活动就发生在这个基础上。

㉕ 幽默，在心理学上是指人的气质、性格和情绪等精神境界的范畴。哲学家把幽默视为“浪漫的滑稽”。医学家认为幽默是人的一种健康机制，是女性朋友美容的心理良方。

4.4 审美心理现象

审美心理学是美学和心理学相结合而形成的一个交叉学科。一般认为，审美心理学的研究对象是审美经验（包括审美欣赏和艺术创造），而研究的观点和方法则主要是心理学。20 世纪以来，中国的审美心理学研究在几代美学学者的努力下，不断向深度和广度突进，历经曲折，终于在 20 世纪 80 年代形成蔚为壮观的研究局面，成为百年中国美学发展中取得突破性进展的一个重要方面，对我国现代美学的建设起到有力的推动作用。认真总结和分析 20 世纪中国审美心理学的发展过程、主要成就、学术探讨及学科进展，探讨它所面临的问题及前进的途径，不仅对于进一步推动我国审美心理学的学科建设是十分必要的，而且对于促进有中国特色的现代美学的建设也是很有意义的。

4.4.1 中国 20 世纪二三十年代审美心理现象

20 世纪中国审美心理学的发展经历了巨大的起伏和波折，形成了两次研究热潮。第一次发生在二三十年代，第二次发生在八九十年代。这两次热潮的形成都有其特殊的社会文化背景，在研究上也表现出不同的特点，并对中国现代美学的形成和发展产生了重大的作用和影响。

20 世纪中国美学是在西方美学的直接影响下起步和形成的。最初对中国美学思想发展影响最为显著的西方美学思想，一个是以康德、叔本华、尼采等为代表的“哲学的美学”；另一个便是克罗齐的直觉美学和以“移情”说、“心理距离”说等为代表的近代心理学美学。这两种美学思想，都极重视对审美主体和审美心理的研究，有的就是专门研究审美主体和审美心理的。这就使得 20 世纪初直至二三十年代的美学研究自然把审美主体和审美心理的研究作为重点。一些有影响的美学家和美学著作，甚至把审美主体或审美心理研究作为建构自己美学理论体系的核心。如 20 年代出版的范寿康的《美学概论》和陈望道的《美学概论》，几乎都是以里普斯的“移情说”作为主要的理论出发点的。而吕承的《美学概论》和《美学浅说》不仅分别以里普斯的“移情”说和莫伊曼的“美的态度”说为蓝本，而且也是以研究美感经验为核心的。

至20世纪30年代，朱光潜的《谈美》和《文艺心理学》出版，标志着中国现代审美心理学已经形成。《文艺心理学》不仅是我国第一部审美心理学的专著，而且也代表了当时我国审美心理研究的最高水平。它综合了康德、克罗齐形式派美学和布洛、里普斯、谷鲁斯等人的心理学美学两大思潮，并以此作为自己的根本观点和根本方法，同时又融入中国传统美学思想和艺术审美实践经验，建立了我国第一个以美感经验分析为核心的完备的心理学美学体系，从而对中国现代美学的发展产生了重大影响。与此同时，他还在国外出版了《悲剧心理学》，填补了审美心理学研究的一项空白。此外，在宗白华写于20世纪30年代和40年代初的一些美学论文中，也涉及审美心理或美感的许多重要问题，特别是对审美“静照”、艺术的空灵和意境的创造等所做的深入研究和精当阐发，对中国现代审美心理研究也起到了开拓作用。

20世纪二三十年代在中国出现的审美心理研究的热潮，固然是“西学东渐”、各种现代心理学美学思潮被引进中国的结果，但也同中国当时的现实需要和文化状况有密切关系。只要我们认真分析一下五四新文化运动后接踵而至的教育界对美育的倡导，文艺界对“美化人生”和“生活艺术化”的追求等思想和文化现象，便可知对审美态度和美感经验的热切探究，都这样那样地反映出人们在黑暗现实中的苦苦精神追求。

20世纪二三十年代的审美心理研究成果对中国现代美学的开拓作用和主要贡献，主要体现在两个方面。首先，它追随当时世界美学发展的新思潮、新趋势，引进和介绍了西方现代心理学美学的新观念、新学说、新方法，从而扩大了中国美学的研究视野和领域，促进了中国美学理论结构和观念的变化。其次，它试图把西方现代美学特别是心理学美学的观念和方法，与中国传统美学观念以及传统艺术实践经验结合起来。不论是用中国传统美学思想和艺术实践经验去说明西方美学观念和学说，还是用西方美学观念和学说来阐释中国传统美学的观念、概念和范畴，这些探索对于中国美学包括审美心理研究迈上中西结合的道路都起了开创作用。但是，二三十年代的审美心理研究毕竟还是中国现代审美研究的起步阶段，它的局限性是明显的。如对于西方现代美学思想的全盘吸收，并以此作为根本观点和根本方法来立论或建立体系，就明显表现出研究中的批判性、选择性和创造性的不足。这当然同研究者在哲学方法论上的偏颇是有密切关系的。

4.4.2　中国 20 世纪八九十年代审美心理现象

在 20 世纪 80 年代中国兴起的“美学热”中，对审美主体和审美心理的研究一扫长期以来备受冷落、无人问津的状况，再一次成为美学研究的重点。审美心理学的异军突起，对审美经验和审美心理的全面探讨和深入开掘，构成了这一时期中国美学研究的一大特色。除了大量翻译和评价西方当代心理学美学思潮和流派的代表著作之外，大批研究成果接踵而至，不仅见解纷呈，呈现出学术争鸣的局面，而且新意迭出，表现出勇于探索的精神。特别值得注意的是陆续出版了一批自成体系、影响较大的审美心理学或文艺心理学的专著。其中较有代表性的有《审美谈》（王朝闻），《文艺心理学论稿》（金开诚）、《创作心理研究》（鲁枢元）、《审美心理描述》（滕守尧）、《美感心理研究》（彭立勋）、《文艺心理学》（陆一帆）、《审美中介论》（劳承万）、《文艺心理学教程》（钱谷融、鲁枢元主编）、《审美经验论》（彭立勋）、《喜剧心理学》（潘智彪）等。到了 20 世纪 90 年代，虽然“美学热”已经过去，但审美心理研究仍然方兴未艾，而且又出版了一批有新意、有深度、有特色的审美心理学或文艺心理学专著，如《艺术创作与审美心理》（童庆炳）、《文艺创造心理学》（刘玄）、《文艺欣赏心理学》（胡山林）、《走向创造的世界——艺术创造力的心理学探索》（周宪）、《审美心理学》（邱明正）、《现代心理美学》（童庆炳主编）、《新编文艺心理学》（周冠生主编）等。新时期 20 年来出版的审美心理研究著作无论从数量还是从质量来看，都超过了我国美学发展史上的任何时期。

审美心理研究在这一时期形成如此繁荣的局面，其原因是多方面的。首先是解放思想、实事求是思想路线的确立，导致了人文社科研究的思想大解放，久已忽视的关于人的研究和主体性研究重新得到重视，从而直接推动了审美心理研究的开展。其次是直接受到西方当代美学研究重点转向审美经验和审美主体的影响。西方美学研究重点的转移，在 20 世纪末、21 世纪初已经开始，到了 21 世纪中叶以后，随着各种心理学美学和经验美学流派的形成与发展，其主流趋势更为明显。最后，审美心理研究的突破也是我国美学研究发展自身的要求和必然趋势。在新时期解除了长期的思想桎梏之后，美学理论寻求新的突破，而在美的本质的哲学探讨难有进展、艺术理论研究又不易形成新突破的情况下，审美经验的心理学研究便成了美学发展的突破口。而长期以来对审美主体、审美经验研究的忽视和理论上的停滞状态，又为这个领域的探索者提供了创新机会和用武之地。正是审美心理研究的突破，带动了一系列美学和艺术问题的深入研究，并促进了美学研究方法的变化，从而推动新时期美学研究向着纵深发展。

美学发展的趋势表明，哲学的美学和科学的美学、思辨的美学和经验的美学、理论美学和应用美学将会互相补充，共同推动当代美学的变革和重建。在这个多元化、全方位的研究格局中，对审美主体、审美经验的研究将仍然会处于研究重点的位置，将越来越趋向综合性和多学科性。这既是现代科学发展趋势所使然，也是审美经验研究向广度和深度发展的必然要求。

实际上，近20年来中国美学的发展已开始反映和展示了这一趋势。审美经验、审美心理乃至全部审美主体活动的复杂性和深刻性，审美心理区别于一般心理的特殊性质和规律，都表明审美主体、审美经验研究既不能不靠心理学，又不能单靠心理学。只有运用哲学、心理学、思维科学、语言学、符号学、社会学、文化人类学、艺术理论、艺术史、艺术批评等多学科的理论和方法，对审美主体和审美经验进行全方位、多角度的考察和研究，并使之互相联系起来，才能使审美经验的研究得到拓展和深化，才能使审美心理学研究有新的突破。深入揭示审美经验得以产生和实现的内在机制和奥秘，使审美经验研究进入到微观层次，无疑是深化审美心理研究的一个难点和突破口。这就要求更多地吸收现代科学的新成果，使审美经验研究更多地奠基于现代认知心理学、神经生理学、大脑科学以及人工智能等现代科学的最新成果之上。当然，吸收现代科学的新成果，也必须从审美经验的实际出发，密切结合审美经验的特点和特殊规律，而不是用一般的科学成果代替对于审美经验的具体分析，用一般的科学概念范畴代替艺术审美中特殊的概念范畴，这样才能有助于审美经验内在发生机制的研究，促进审美心理学的创新和发展。

4.5 消费者心理现象

4.5.1 现状

人们的心理活动在现代商业社会中尤其是广告活动中有着举足轻重的作

用。广告活动必须遵循人们的心理活动，否则广告就很难达到效果。广告的促销心理策略，是运用心理学的原理来策划广告，诱导人们顺利完成消费心理过程，使广告获得成功。只有贴近消费者心理的广告才能发挥广告最大的宣传作用。

现在的消费者对商品的需求不再停留在“价廉物美”的阶段。质量效能好、经久耐用、价格适宜是一个方面；而更多的消费者则是喜爱新产品，重视商品款式和社会流行式样，信任名牌，追求名牌，注重商品包装的艺术性。这就对营销工作提出了理性、科学、更高、更细、更深的要求，于是就产生了许多营销策略。营销方法千变万化，其成败的核心在于是否掌握了消费者的心理，只有掌握消费心理并利用消费心理，营销才能水到渠成。

4.5.2 现代消费者心理特征

消费者心理与行为是客观存在的社会现象，是商品经济条件下影响市场运行的基本因素。现阶段，加强消费者心理与行为研究对我国发展社会主义市场经济和企业开展营销活动具有极为重要的理论与现实意义。

（1）消费者行为更趋个别差异化

消费者追求独立自主，其消费倾向由不稳定性向稳定性过渡，对商品的品质要求提高，尤其要求商品有特色、上档次、有个性。如今市场中的消费行为模式更趋个别差异性，这种消费个性化趋势的出现，标志着体验与感性消费时代的到来。这一消费观念的更新表明了消费者所购买的商品一定要与其品位、个性、价值观相吻合。

（2）追求新颖时尚，崇尚品牌与名牌

消费者在购买商品时追求新产品、新花色、新款式，即追求流行时髦的商品。人们这种求新心理使新产品往往比较畅销。消费者在各类消费中将更加注重对品牌的追求与自我精神的体验。在购买商品时追求名牌，信任名牌，甚至忠诚于名牌，而对其他非名牌的同类产品往往不屑一顾。而在当代物质丰富的条件下，对于越来越多的中产阶层或高收入者来说，其需求已上升到更高的阶段。消费品牌化产品或名牌商品既可以满足消费者追求高品质产品的需求，又能让消费者通过品牌消费彰显个性与自我，让消费者最大限

度地体验到自我价值与自我存在。

(3) 趋于理性消费，追求物美价廉

在经济收入不高或经济收入虽高但俭省成性的消费者中较为多见，这类消费者对商品价格变化反应敏感。选购商品时，往往对同类商品之间的价格进行仔细比较，而对商品质量、花色款式、包装等不太对比挑剔。喜欢选购折价、优惠价、处理价商品，如今的仓储式超市正是迎合了人们追求物美价廉的心理而大行其道。

(4) 消费方式追求便捷化

互联网的兴起造就出了新的消费者群体。他们生长在技术成熟的环境里，通过互联网接近世界各地任何一种产品和服务的信息，要求各类经营者满足他们个性的需求，并要求用快捷的服务方式来满足其独特的需求。

总之，当广告很好地引起消费者的注意和记忆，诉求将是广告目的的最后一步，也就是通过外界事物促使人们从认知到行动的心理活动。是告诉人们有哪些需要，如何去满足，并督促他去满足自己的需要。广告诉求一般有知觉诉求、理性诉求、情感诉求和观念诉求等。广告诉求的本质就是一种说服策略，旨在通过广告活动使消费者对广告产品以及品牌形成很好的信任心理，通过有效的信息诉求改变消费者头脑中已形成的某种认知，促使消费者形成新的认知并由此改变人们的行为，进而说服消费者去购买广告宣传的产品或服务。

4.6 社会文化心理现象

4.6.1 社会文化心理的作用机制

文化对一个社会、国家、民族的影响是广泛的、深刻的，而且是持久的。因为文化包括一个民族在特定时期普遍奉行的一套政治态度、信仰、情感等基本取向，它由一个民族的地理环境、民族气质、宗教信仰、政治经济的历史发展进程等因素形成，影响甚至决定着一个民族或每个政治角色的政治行为方式、政治要求的内容和对法律的反映。社会心理是人们在日常生活中形成和积累起来的对物质经济关系、对人们生存的社会条件的经验性反映。主要表现为自发的倾向和信念以及感情、风俗、习惯、成见等。社会文化心理在特定的人群（群体或社区）里，对其成员具有一定的内在强制力，并往往成为制约社会行为的强大力量。

社会文化心理是指一定社会的文化价值模式。这种文化价值模式来源于一定社会的文化模式。文化社会学家司马云杰认为，文化模式是指不同的文化构成方式及其稳定的特征。由于每个社会的文化特质都有各自的特点，在长期的历史发展过程中，这些文化特质依据不同的构成方式形成不同的文化系统或体系，逐渐演化出不同的特征。物质文化的不同会形成不同的文化特征，而精神文化中的伦理道德观念及生活方式的不同也会形成不同的文化模式。文化模式一旦形成就会反作用于人的心理，对人的精神个性和人的社会行为产生影响。

社会互动是人的社会行为的主要表现形式。人们在对称性和非对称性的社会互动中，形成种种群众行为、大众行为、集群行为。也就是不受通常行为规范所指导的、自发的、无组织的、无结构的群体行为方式。群体文化心理的外在行为与群体行为的内在文化心理对社会发展和人们社会互动行为的健康具有重要的影响作用。积极的社会群体与人们积极的社会观念和社会行为之间正相关，而消极的社会群体与人们社会观念的偏颇和社会行为的偏离也有正相关的关系。由此可见，社会文化心理的发展存在着两种可能性，既可能成为社会变革的推动力，也可能成为社会变革的阻力。布罗温就曾把社会群体分为两种：暴众和听众。这种分类依照无组织群体的有机程度和无组织群体在社会结构中的地位划分，有利于我们对社会互动行为的理解和把握。

4.6.2 我国的社会文化心理特征

（1）“后喻”和“他人指导”的社会文化心理特征日益明显

随着新科技革命的深化，世界开始进入了信息时代。它要求人们必须不断学习，进行技术革新，以缩短自己的知识与社会信息的差距。在这种形势下，青年人善于适应社会和有强烈学习欲望的优势开始发挥作用，青年群体成为更能适应社会的群体。于是，长辈群体为了学习新的技术，掌握新的信息，必须向接受能力强的青年人学习，这一特征被美国社会心理学家米德称为“后喻”文化，即长辈必须向孩子学习那些他们从未经历过的经验的一种文化。

除了米德的“后喻”文化说之外，类似的还有社会学家里斯曼描述的

“他人导向”的社会特征。里斯曼描绘了三种社会性格：传统导向社会、自我导向社会和他人导向社会。传统导向社会中的人必须按照传统的既定的方式行事，这个社会制裁行为的心理机制是羞耻感；自我导向者则遵从自己内心的理想目标，即心理陀螺仪，一旦他们的行为偏离了这种分明的道德标准，便会产生罪恶感；而他人导向者是世界主义者，他们必须对范围广泛的信号做出反应，他们打破了熟人和陌生人的界限，将熟人和陌生人都容纳到了大家庭中来，很快便能与每个人亲密起来。

改革开放以来，我国经济获得了巨大的发展，社会也逐渐显现出“他人指导”或“后喻”的文化心理的特征。

(2)“服务型社会”逐渐成形带来了社会的“他人认同”心理特征

我国正在加紧建设社会主义市场经济，服务产业迅速发展。第三产业对我国国民收入的贡献越来越大，在国民经济中的比重越来越高。整个社会呈现出了由“工业社会”朝“后工业社会”转变的某些特征。“后工业社会”主要是服务型社会，服务型社会中人们的行为主要是为了获得他人的认同与肯定，强化自己的成就感。商店的服务员无论在什么情况下，都必须以笑脸来面对顾客，商场组织大型促销表演的目的是通过取悦顾客来获得自己产品的销路，作家的作品也是由于迎合大众口味才得以畅销。他们的目的都是为了获得他人的认同，创造出自己的成就感。生活在这样的社会中的青年们必然受到这种基本文化价值的制约。

(3)社会竞争的巨大压力使焦虑情绪在整个社会蔓延

里斯曼在论述他的三个社会心理特征时，论述了“他人导向”的社会形式下的一个主要特征。他认为，他人导向者在任何地方都能像在家里一样自如，但是又没有一个地方能使他感到自如。他具有一种扩散的焦虑，这种焦虑更像雷达，能够极为灵敏地从他人那里接收各种信号。米尔斯在《社会学的想象力》(图4.3)中也曾指出，现在的人们经常觉得他们的私人生活充满了一系列陷阱，人们经常感到在日常社会中充满着杂乱无章的日常经历，战胜不了自己的困扰，从而形成了焦虑不安的心理。这种焦虑情绪也开始在青年群体中出现并蔓延，严重影响了青年个性的形成和发展。同时由于现代中国处于社会转型时期，经济获得了发展，教育也取得了突飞猛进的发展，但是由于各种原因，青年的就业情况不是很好，许多青年走出校园后难以找到合适的工作，有的甚至找不到工作，自然使青年的心理带上了浓重的焦虑阴影。

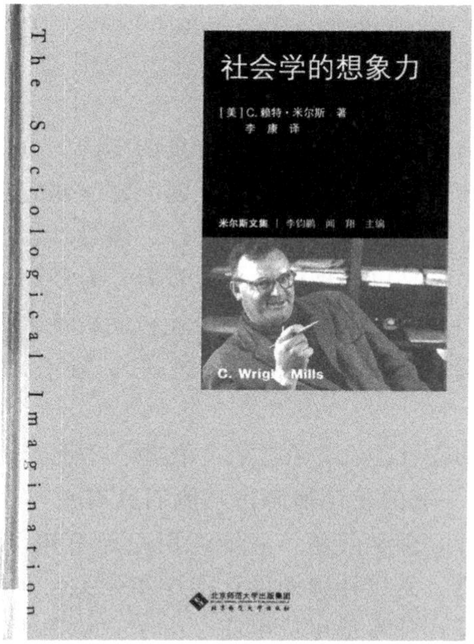

图 4.3 米尔斯的《社会学的想象力》

（4） 消费文化特征日益凸显

伴随生产力水平突飞猛进的发展，产品日益丰富，社会中形成了崇尚消费的文化心理趋势，人们被自己所生产的物品所包围，消费文化开始流行，社会的消费特征日益明显。从社会学的角度看，消费文化指的是被人们用来展示和确定自己社会身份所消费的各种符号，包括物质产品、精神产品、消费观念、消费行为方式等。现代消费社会一个新的特点是从“物的消费”过渡到“符号消费”，即从重视物的消费的功用性逐渐转到重视物的消费所具有的象征意义。如果消费还仅停留在商品使用价值上，那么，消费体现的只是人与物的关系，因为商品的使用价值对每个人都是一样的，它体现不出人与人的社会差异；而商品的符号价值则张扬了超出商品使用价值之外的社会意义，反映了消费中人与人的关系以及人的个性。青年作为社会中一个消费的主要群体更易受到消费文化的影响。许多流行的东西或商品都是从青年群体中蔓延开来的。青年追新求异的心理极大地促进了消费文化的流行与发展。由于整个社会的消费符号化、消费地位化，使得青年在消费的选择上和消费的心态上都深受影响。

4.7 设计师心理现象

研究设计心理学的专家，按照专业背景的不同，可以分成两类，一类是曾接受了系统的设计教育，对与设计相关的心理学研究有浓厚兴趣，并通过不断地扩充自己的心理学知识，成为会设计、懂设计、主要为设计师提供心理指导的专家；另一类是以心理学为专业背景，专门研究设计领域的活动的应用心理学家，他们学术背景的心理学专业色彩较浓，通过补充学习一定的设计知识（了解设计的基本原则和运作模式），在心理学研究中有较高的造诣。

前者具有一定的设计能力，在实践中能够与设计师很好地沟通，是设计师的“本家人”。较一般的设计师而言，他们具有更丰富的心理学知识，能够更敏锐地发现设计心理学问题，并能运用心理学知识调整设计师的状态，提出更好的设计创意，是设计师的设计指导和公关大使，对设计活动的开展充当顾问角色，比设计师看得更远更高。由于其特殊的知识背景，他们可以在把握设计师创意意图的同时调整设计，兼顾设计师的创意和客户的需求，更易被设计师接受。

后者对心理学研究的广度和深度都优于前者，但若不积累一定层次的设计知识，则很难与设计师沟通。他们在采集设计参考信息、分析设计参数、训练设计师方面有前者不可比拟的优势。现在许多设计项目都是以团队组织的形式进行，团队中有不同专业的专家，他们都专长于某一学科的知识，同时具有一定的设计鉴赏能力，可以从他们的专业角度，提出对设计方案的独到见解和提供必要的参考资料。心理学专家也是其中的一员，辅助、协助设计师进行设计。而为了与其他专业的专家沟通，设计师的知识构成中也应包括其他学科的一些必要的相关知识。在设计团队中，设计师与心理学家及其他专业的专家结成一种相互依靠的关系。由于设计师不可能精通方方面面的知识，因此，与其他专业的专家在不同程度上的协作十分必要。设计创造思维的训练也主要由心理学专家来指导进行，因为其专业知识，使他们在训练方法、手段和结果测试方面的作用更突出。总的来说前者以设计指导的角色出现，主要指导设计，把握设计效果，从某种意义上说，他们仍然是设计师。后者主要还是进行心理学的研究，研究的范围锁定在设计领域，研究的方法和手段具有心理学的学科特色，更关注对人的研究。

对消费者和设计师的双重关注，使设计心理学在培养设计师、为企业增加效益、以设计打开市场、获取高额利润等方面都有不可估量的重要作用。各设计专业的心理学研究有的已经很成熟了，有的则刚刚起步，它只能随着设计心理学的发展而发展。设计心理学的研究是必要而迫切的，但首要的是理清思路，这对于设计心理学的系统化和完善化意义重大。

设计心理学有很大的发展空间，还需要在建立设计心理学的框架后细分设计心理学的内容，使其更专业化、更完善，这有待于设计师和心理学家的共同努力。

4.8　设计与空间心理现象

任何设计都是一个不懈寻求美、理解美、表现美的过程，室内设计亦是如此。室内设计是对建筑内部空间及相关的外部空间进行艺术处理的专业科目，它应该属于环境美的范畴。从某种程度上说，现代科学技术的发展已为人们实现物质功能的需要提供了基本保证。像建筑内部的光线、温度的调节，内外噪声的消除或隔绝，直接触及人体的家具、设备等室内物件的科学性、舒适性以及内部交通的快捷、便利等，都不再是复杂的问题。而审美上的需求往往更丰富一些，如舒服与美之间有一定的关系，这种关系是否协调对人体验美的程度至关重要，因此，研究室内空间的美学问题要着重从人的心理角度来阐明。

4.8.1　人的心理基本需求与室内环境的关系

这里的“环境”狭义是指建筑物为人所提供的特定环境，广义是指社会环境（如：生活环境、学习环境等），这个“环境”包括建筑物的空间。建筑空间是相对于建筑实体而言的，空间（尤其是内部空间）大多有固定的形态，而“环境”所指的却不一定是某种具体的空间形态。因为有时空间形态尽管不变，但环境气氛可能因设计手法变换而迥异。室内设计遇到的问题有些可能与空间无关，然而与环境有关，比如改换一块隔断的装饰色彩或纹样，并不一定使室内空间发生什么变化，但也许一下子改变了室内的环境气氛，如图 4.4 所示。

图 4.4　隔断的装饰

人对建筑最基本的心理需求是什么？要先从原始的生理需求谈起。自从人类脱离穴居、巢居的原始状态而学会构筑自己的遮蔽物——房屋以来，建筑材料和建造方式经历了千百年的变迁。然而，建筑最基本的结构，如围护空间、支撑屋顶的实体和屋顶本身，并没有发生本质的变化。建筑是人在大自然界中为自己构筑的掩蔽体，遮挡风雨、躲避兽害是最原始的动能需要，安全感和围护感恐怕是人类最原始的空间心理感受，人随之会产生对建筑的坚固感、稳定感、实体感的追求。不过这些围护实体所构成的空间的形态变化是太丰富了。如人类在猿人时代学会用火，随后在建筑中给火以重要位置，温暖和光明的环境给人以亲切感（时至今日，许多欧美住宅建筑仍保留壁炉的设计，有些甚至是纯装饰物）。

随着建造技术的进步，建筑的跨度、面积有所增加，人懂得了使房屋各部位更适应人体的尺度，并懂得了更合理地利用空间。并且对建筑环境有了精神上、审美上的要求。这种综合感觉，回顾原始人类的心理感受并与现代人的心理需求加以比较，在这方面人类并没有走出多远。比如卧室，一般人都要求有安全感、围护感。我们愿意处在亲切的、有人情味的环境中，而讨厌令人疏远的、冷冰冰的环境。

一个宜人的环境必须处处适合人体尺度，因为人是以自身为尺寸来度量空间的，尺度感可以说是人下意识的一种感觉。至于舒适，这种感觉只有在温度、湿度、光线、尺度、体量、色调、触感诸方面都基本合乎人的要求的建筑环境中才能产生。设计师在设计的过程中经常会对某一个空间中出现的体量进行反复的调整，几十毫米的差别在空间中都会产生不同的心理感受。

我们要求舒适，也要求美，舒适是美的前提条件之一。在美感要求方面，现代人的心理是很复杂的，由于所处地域、生活习惯、文化传统、民族精神、气质、风俗、宗教信仰、政治观念、人生哲学、经济、文化水准、个人性格、爱好等方面的差异，人们评价建筑环境的美学标准可能五花八门，难求一致，但是人基本的需求是具有共性的。这种共性，应该说是人们在平时的生活中潜移默化的对自己观察到的信息符号产生的一种共性的反映，这更是我们设计时应该牢牢把握住的。

4.8.2 空间视觉的特点

研究空间与心理的关系，首先应对人视觉的生理、心理机制有所了解。据心理学家研究，人的空间观念并不是与生俱来的，婴儿在出生后九到十八个月时，开始了解外物的永久性和体察物与我的关系，这才确定了空间的存在。这时形成的空间观念，是以自我为中心的，认识不到空间的客观独立性。一直要到九至十岁时，由于种种身体运动的经验，空间完全是自己身外的客观世界的观念才建立起来。

人对空间距离、大小的判断，无须触觉介入，凭视觉就能大致判断，这和眼睛积累的运动经验有关。我们知道，人的双眼有一定的间距，左、右眼视网膜上映出的同一对象的两个映象稍有差异，这样看到的对象才有立体感。看很远的东西则双眼视轴趋于平行，双眼视差趋于零，对象的立体感也趋于消失。由于眼的这种生理机制，人才得以判断距离。人观察较远的对象，需要有适当的熟悉参照物，如人体，或与人体成一定比例的某物体，像汽车、建筑的门窗之类。人观察和判断对象的空间位置时，生活中积累的经验也起一定作用。如透视的消失规律，对象轮廓的清晰程度，细部的可分辨程度（细密度），视觉的同时对比作用，远近物体重叠而产生的遮挡效应，色彩冷暖的习惯感受（由于空气对光线的折射，愈远的物体愈呈现天空的蓝色调）等都会影响人对空间的视觉感受和判断。

人眼的视域是有一定范围的，根据对人双眼视野的测定，最佳水平视域在 60°夹角左右，在垂直方向的视角一般不大于 45°，即人与观察对象的距离至少要和对象的高度相等，才能获得真实、完整的印象。人对不同的颜色的视野范围不同，白色最大，视角达 90°，黄、蓝、红、绿等色依次递减。不同颜色的不同心理效应，也是造成空间开敞或收敛效果的重要因素。

室内设计必须考虑人的视野、视线，懂得最佳视区的利用。譬如设计壁画、悬挂画幅或陈放观赏品，必须考虑观赏距离，保证看整体、看细节都能有适当位置；画幅、陈设品的位置高低要尽量在人平视的范围之内，避免过高或过低引起观赏者不舒适和产生视觉畸变。日本学者曾把各种画面呈现给被试者，利用电视眼球标记摄像机对人的视轴方向进行测定，得出了很有趣的结果，即人眼注视点的运动具有以下的性质：不论画面呈现时间长短，注视点停留的地方，主要集中在黑白交界的部分，如若在画面内有运动的图形，或者在画面内存在时而出现时而消失的图形，则视线容易集中在这些地方。图形存在一些不规则性，注视点也容易往这些地方去。注视点在画面内的主要集中之处，是对视网膜、大脑皮层视区或上丘等神经元起强烈反应及有某些特征的画面部分。这些发现应当对我们从事室内设计有所启发。在室内空间中易引起注视的部位应作为重点装饰的部位，例如不同质地、不同色彩材料的交界处，空间各个面的相交、拐角处等，尤其应该精心处理。

4.8.3 空间设计与心理调度

设计师创造一个建筑空间，想把美的信息传达给身临其境者，就一定要懂得空间形象和环境气氛的心理效应，并有意识地对人的心理活动进行安排和调度。在这一问题具体展开之前，概括分析一下不同空间形象的心理效应还是必要的。空间的形状基本取决于其平面。平面规整的，像正方形、正六角形、正八角形、圆形，令人感到形体明确、肯定，并有一种向心感或放射感，安稳而无方向性。这类空间适于表达严肃、隆重等气氛，在空间序列中有停顿或结束的感觉。矩形平面的空间，横向的有展示、迎接的感觉，纵向的一般具有导向性，其上部覆盖形式可以是平的，三角形空间序列中有结束的感觉。三角形平面较罕见，会造成透视错觉。不规整的形状，任意的曲面、螺旋形或比较复杂的矩形组合，则令人感到自然、活泼、无拘无束。半圆形平面的空间装饰有围抱感，有延伸的感觉，如图 4.5 所示。

空间的大小、高矮也有不同的心理效应如气魄、自由、舒展、开朗。过大则空旷，令人产生自身的渺小、孤独感；过小则局促、憋闷；过高则与过大缺陷近似，甚至令人有恐怖感；过低则有压迫感。从空间的形状和容积（体积）来分析，空间气氛的形成还有更多的因素在起作用，如明暗、色彩、装饰效果，等等。因为人的空间感受是一种综合的心理活动，不是简单的数学或物理量的叠加，空间感又常常因人而异，不同的人有不同的心理特点，

图 4.5　半圆形平面的空间装饰

因此，对同一环境可能会有完全相反的反应。我们对某建筑空间进行评价时，往往要具体环境具体分析。

4.8.4　空间设计与视觉信息

通过分析人所接受的视觉信息，可以得到空间设计与视觉信息之间的关系。人在行为活动中，每时每刻不在接受着不同的视觉信息，比如真实物体、图片、媒介信息甚至是文字等一系列的具象和抽象信息，人们基本上靠这些信息来定义他们所感受到的事物。我们在表达设计的时候，就是借助这些信息经过设计语言的处理来完成与设计受动人群的交流和沟通，实际上视觉信息涵盖的方面可以说是上述分析中某方面的综合。视觉信息与空间设计的关键在于人的潜意识，人是可以自我暗示的。在很多时候人虽然无法通过很精准的语言描述出他对空间设计的看法，但是感觉已经在他意识中有了结果。

因此，在把握某一个空间的设计时尽量要把握人们被这些信息所影响时的共同的感受，也就是共性，这样才能很自然的表达出设计理念。综合上述四点，可见室内设计一定要考虑到人的感觉，一定要重视分析空间环境的使用者的心理因素，并在实施过程中不断地加入人性化的色彩，从而使室内设计更有生命力。正如禅宗创世神话中的慧能法师所说：幡动、风动、亦而心动。

通过学习“设计心理学现象”使读者了解设计心理学现象的基本理论，引导设计流行和风格演变的重要心理机制是消费从众现象，也是消费社会极为普遍的心理现象，因此是现代设计师在进行设计时必须着重关注的重要方面。通过了解消费从众机制及其对现代设计的影响，现代设计师可以采取不同对策，扬长避短，使设计获得更大的成功。视觉设计作为现代设计的重要手段和表现形式之一，其对视觉信息的传达和对视觉心理的影响是非常重要的，它决定了设计中各个视觉元素的排列组合，对受众的视觉产生着直接的影响，也是设计者引导观者欣赏作品的重要的媒介。所以，对影响到设计作品中的心理学现象进行初步的分析和研究，旨在探讨和掌握人类在欣赏设计作品时设计心理学现象的一般规律，从而对现代设计的创作和提高产生指导性意义。

习 题

1. 填空题

（1）心理现象包括两方面：________、________、________等心理过程和________、________、________等心理特征。

（2）________是用心理学研究方法建立起来的社会心理学。

（3）________是实验心理学的一个重要分支。是研究以听觉感觉器官为主体形成的感觉与知觉规律的学科。

（4）________是心理学分支之一。研究人在高空、高温、深水、高山等特殊作业条件下心理活动的特点和规律。

（5）________是20世纪60年代兴起的心理学研究方向，是探讨认知的心理学，由于这种心理学的主要研究对象是信息的加工，所以又被称为________。

（6）________在心理学上是指人的神经系统和感觉器官上的先天的解剖生理特点。

（7）________在心理学上是指人在特定的条件下对客观事物必然产生的某种有固定倾向的受到歪曲的知觉。

（8）________是指个体对运动表象或自身运动的时间与空间动态特征的知觉。

（9）________是指人类的心理是脑的机能和客观事物的主观反映，简言之就是知、情、意。

（10）________是指在和别人比较时，低估自己而产生的情绪体验，是一种心理上的缺陷。

（11）________是指个体在从事有目的的活动中遇到障碍、干扰，致使个人动机不能实现，个人需要不能满足而引发的一种消极的心理状态，也就是俗话所说的“碰钉子”。

（12）________是指在一定的外界因素的作用下，对某类事物产生厌恶、反感并导致与该事物发展的常理背道而驰的举动的一种心理状态。

（13）________是指人们急切地盼知某种事物的一种心理状态。戏剧中一些有戏剧性的情节、场面和动作，能使观众产生想看下去的情绪和急切想知道人物命运和剧情进展如何的心情，这种神秘的力量，就叫“戏剧悬念”。

2. 选择题

（1）研究心理现象的规律是心理学的基本任务，这主要是研究心理活动的过程及其机制、心理特征的形成及其________的相互关系等许多方面的规律性。

A. 心理机制　　B. 心理过程　　C. 心理特征　　D. 心理现象

（2）现代认知心理学亦称为信息加工心理学，认知心理学与________是当前流行的心理学思潮，其主要观点是信息加工理论又称为信息加工心理学。

A. 实验心理学　　B. 观察心理学　　C. 视觉心理学　　D. 设计心理学

（3）________在心理学上的定义是指在实现预定目的时对自己克服困难的活动和行为的自觉组织和自我调节。

A. 个性　　B. 坚韧　　C. 意志　　D. 果断

（4）个性是指表现在个人所具有的意识倾向性，包括需要、动机、兴趣、信心、理想、世界观等，经常出现的、相对稳定的心理特征，包括________、________、________的总和。

A. 气质　　B. 兴趣　　C. 性格　　D. 能力

3. 思考题

（1）心理现象的相关学科有哪些，具体含义是什么？

（2）简述现代消费者心理特征。

（3）试论社会文化心理的作用机制。

（4）阐释我国的社会文化心理特征。

（5）试论人的心理基本需求与室内环境的关系。

第 5 章　设计心理学应用

设计是伴随着人类社会发展的需要而产生和发展的，由于现代社会物质生活条件的不断提高，为设计心理学的产生与发展创造了必要的条件。当前，我国设计艺术学的理论正在逐步形成一个整体、系统、全面的学科架构，作为满足用户需求为核心的设计心理学，能够以用户的心理需求为出发点，对不同心理的客户采用不同的设计心理学思路，更为有效和便捷地迎合客户需求，创造出更多优质的设计作品。

在移动互联网的时代下，设计越来越影响着人们的生活，除了要注重设计本身之外，现在的设计更多考虑人们精神层面的心理需求，一件优秀的艺术设计作品一定是对人的心理需求做了一定的了解和研究的结果，如图 5.1

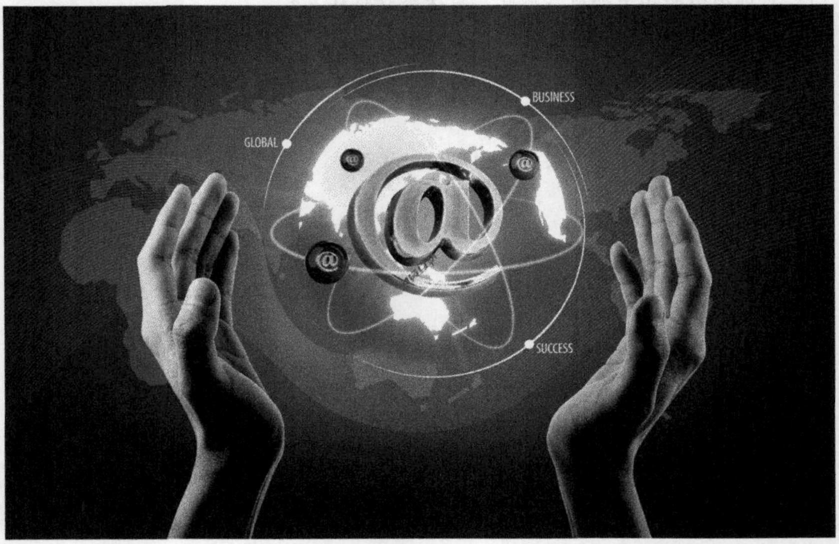

图 5.1　移动互联网时代

所示。设计者不但要从表面的视觉审美对界面设计有一个成熟的理论支撑，而且要从视觉思维、信息传播、心理学和人机交互等多方面对界面设计有更深入地研究才行。

5.1 设计心理学在工业产品设计中的应用

设计心理学是从设计的最终结果入手，结合不同的影响因素，不断引导设计的过程，让整体的设计更为科学化和有效化。在设计心理学中，变量的因素包括设计师和消费者，它虽然是工业产品设计专业的理论课程，但是建立在心理学基础上。通过设计心理学，能够更好地探究用户的心理需求，让设计的过程体现出人文的关怀，最终表现在设计成果中，使工业产品能够和用户产生更多的精神交流。从本质上来看，设计心理学的目的是让生产者、消费者和设计者达到协调统一，力争让每一个消费者都可以买到称心如意的产品。

5.1.1 工业产品设计存在的问题

（1）忽视创新机制的引入

许多工业产品制造业在自身发展的过程中并没有重视创新机制的引入，更多的是从经济效益角度考虑问题，导致设计出的工业产品用户体验较差。以汽车制造业为例，我国在设计方面就严重的缺乏创新，对我国消费者的行为习惯、性格以及气质等了解不够充分，更多的是抄袭和模仿国外的汽车设计，将不同的部分杂糅在一起，所以设计出的汽车产品缺乏本土特色。特别是在内饰搭配和人机界面等细节上，缺少深入的市场调研，消费者在驾驶时缺少乐趣，而且操作的舒适性和便利性也无法满足需求。因此，人们普遍反映国产汽车虽然价格较低，而且功能也较为齐全，但是整体的设计却好似缺乏灵魂，其最主要的原因就是没有引入创新机制，导致工业产品设计无法满足用户的心理需求。

（2）缺少心理需求的分析

我国的工业产品设计过于注重功能需求，而忽视了消费者对产品的心理需求和精神需求。一些设计人员开展设计前并没有充分地进行市场调研，所以在自身的定位上就存在模糊性，更多的是走一下流程。所以，在设计开展之前就没有打下坚实的基础，不明确市场的具体需求，过分夸大功能方面的用户满足。部分设计人员片面地认为自已对产品的需求就是消费者对产品的需求，这导致工业产品设计的适应性和时效性不强，不能够完美贴合消费者的个性化需求，导致工业产品的用户体验较差。

5.1.2 工业产品设计中应用设计心理学的措施

（1）树立以人为本的设计理念

传统的工业设计是以机器为本的，它主要是根据机械论来进行产品的设计。在工业文明的初期，这种生产方式和设计方式极大地推动了生产力的进步，但是当前的社会需求已经发生了变化，人们从精神层面和心理层面要求产品的功能，所以在进行工业产品设计时就需要改变传统的方式，树立以人为本的观念。特别是基于设计心理学的产品设计，首先要深入地挖掘客户需求，根据市场调研来了解功能上的完善点。同时要立足于情感来进行产品的设计，以此来满足用户的内心情感需求。

（2）基于心理学的市场调研

要想了解消费者的真正需求，就需要实际调查和分析。在调查的过程中，不确定因素较多，一些人为的社会心理学特点会掩盖掉事实的真相，从而使调查的结果不具有代表性。因此，在展开市场调研时就要注重调查的方法，一方面完善问题，避开个人隐私，尽可能地引导消费者给出最为真实的答案；另一方面要加强分析的能力，从多个问题中汇总出共同的需求，这是后续设计的基础所在。为了减小调查和客户之间的理解问题，要建立对应的用户模型，通过正确的理论概念展开市场调查，有助于找到问题的根本原因。

（3）设计心理学与产品造型设计的结合

工业产品的造型可以给消费者最直观的体验，而且产品造型设计中的材质、形状和色彩等能够影响到消费者的心理层面。所以在进行造型设计时可以引入设计心理学，增加消费者情感的分析，以此来引导产品设计的完善。例如，色彩能够给人最直观的视觉体验，也可以影响到人的情绪，在不同的民族、年龄和性别中，对色彩的偏好各有不同，男性大多偏重沉稳的黑色及素雅的蓝色，而女性则更加偏重柔和的粉色。这体现在工业产品设计中，就是要根据产品的主要应用人群和消费者的心理特点来进行针对性的选择，这样才能最大化地满足消费者的需求。

5.1.3 工业产品设计的心理学原则

设计大师唐纳德•诺曼在《设计心理学》一书中指出，产品设计在心理学方面是有一些原则的。他将理论潜移默化地融入例子中，使读者能很好地理解这些理论知识。主要的设计原则包括以下几个方面。

（1）提供一个好的概念模式

一个好的概念模式能让用户可以预测行为的结果，否则只能依靠死记硬背来记住产品的操作方法。用户对物品的心理模式往往依据类似的经验，通过经验和其他类似的日常用品来判断产品的功能。

（2）可视性

对于产品的功能，应该用简单直观的方式呈现给用户。如果某些功能很有用，但是用户不能一眼就看懂如何使用，那这个设计就有问题。可视性的关键要求在于，设计的产品功能必须是直观自然的，用户看见产品后，对产品能实现的功能一目了然（至少是主要的功能）。

（3）匹配原则

设计产品的操作界面，应该与其功能匹配，减少多个功能隐藏在几个复杂操作后面。比如说一个电话有20多个功能，但只有12个按键，这就必然要求用户使用某个功能时，与其他另外的功能采用类似的操作，这样会带来误操作的可能性，同时用户也不一定能记住这些操作直接的区别。当然，现在的产品功能越来越多，但产品操作设计又要求不能有太多独立的功能键，这样肯定会出现之前说到的情况。如何解决这一矛盾？大师提出了自然匹配的概念，包括物理环境类比和文化标准理念，举个例子：私家车的车座方向调整，相对于设计上下左右四个按键，来控制座位的方向，更好的设计是做一个类似车座外形的按钮，按钮可以向上下左右四个方向拨动，这种自然的设计让用户直观了解操作的功能。

(4) 反馈原则

用户进行某个操作后，产品应该给出明确清晰的反馈，告诉用户操作的结果。比如声音反馈、屏幕展示反馈和操作结果反馈等，目的是告诉用户，你已经成功操作了，并出现了对应的结果。

5.1.4 电商领域运用心理学理论设计产品

在电商领域中，如何运用心理学的理论设计产品，来对用户产生妙不可言的影响呢？认识到的是意识，认识不到的是潜意识。人的作息、语言、肢体等行为，驱动它们的并不是我们能够进行思考和计算的意识，而是意识背后的潜意识。潜意识用一种不知不觉的方式，影响着用户每一秒的决定。下面将从以下六点进行举例说明。

(1) 短缺心理：一旦现在不购买，就再也没有了

消费者可能会有失去某种东西的想法，这种消费心理在人们的决策中，发挥着非常重要的作用。实际上，害怕失去某种东西的想法，比希望得到同等价值东西的想法对人们的激励作用更大。很多人都有租房的经历，当我们一个人看房的时候我们会觉得悠然自得，一点点地观察房屋有没有什么问题缺陷。但当三个人一起看房时情况则完全不一样了，你感觉到另外两个人的虎视眈眈，你对房屋的问题缺陷会更加宽容，或者根本看不到问题所在，这就是可怕的短缺效应。当我们感觉某种东西数量有限、有截止期限的情况下，往往会产生购买的冲动。

淘宝的“淘抢购”、京东的“京东秒杀”在产品的构思上都运用了这一原理，商品只售卖2个小时，显示剩余的库存数量，再加上“马上抢”“手慢无”等字样营造活动的紧张感，商详页再次提醒截止时间、剩余库存等信息刺激用户快速下单，如图5.2所示。

(2) 一致心理：不会退我的5星好评商品

人一旦认定了一件事情，就会更加拥护这件事情，并且在认知过程中积极寻找不同的原因、证据、信息来支持这件事情，即使后来发现可能不完全是那样的，甚至是完全错误的，也是如此。人人都有言行一致的愿望。一方

图 5.2 “淘抢购”与“京东秒杀”

面，人们内心有压力要把自我形象调整得与行为一致；另一方面，外部还存在另一种压力，人们按照他人的感知来调整形象。几乎所有的电商平台都有确认收货后评价商品这一功能，很多淘宝商家还推出了“×天内确认收货，五星好评且晒图即可获得××”的活动，如图 5.3 所示；活动的主要目的是增加商品的好评度，积累优质商品评价等，但也降低了已售出商品的退货率。一个顾客在对商品做出较好评价后，一般就不会再过多地对商品产生疑问或是退货。

（3） 捡漏心理：占到便宜的感觉

成功的营销并不是你的商品真的卖得有多便宜，而是让你的用户觉得你卖得很便宜，并且不在你这里购买对他来说就是一种损失。其实，用户想要的不是便宜，而是占到便宜的感觉。手机流量不够了，打开手机要购买流量，一共有两个套餐：9 元 3G 流量和 24 元 30G 流量，消费者会毫不犹豫

图 5.3 “返现”活动

地选择了24元30G的套餐；之后想了想，移动公司其实就是在推24元30G的套餐，9元3G套餐的核心价值是让24元套餐看上去更便宜，也就是让客户有“占到便宜的感觉”。“双十一”其实就是在用“造节”的方式刺激流量，是商家给用户占便宜的心理找到的一个合理出口。把日常价格作为参照物，通过“今天特价”“只此一天”这些方式，吸引大量流量，让你觉得买到就是占便宜，毫不犹豫地涌入双十一购物大潮。

(4) 社交需求：爱我别多话，来帮我砍价

人是一种社会性的动物，因此社会性使我们无法忍受长时间的孤独，也渴望存在感，以及追求生命的意义——这种存在感和意义都来自个人在群体中的定位。在大型活动时（如“双十一”“双十二”等），社群运营可以将小程序的单件商品、活动等，发到用户群中，或通过某种有趣的活动，吸引人们去分享，达到快速裂变的目的。再比如现在小程序推出的拼团玩法、集奖玩法、砍价玩法、买赠玩法等。同时基于微信的特殊场景下，特别推出了社交立减金，通过小程序购物，付款成功后，用户可以获得购物“立减金”，分享好友或微信群后，完成“立减金”的领取。通过这样的社交分享＋优惠金政策，营销者运用得当的话，小程序会给企业带来大量的新用户，新用户的购买转化率也将提高。

(5) 从众心理：她/他手里拿的东西看起来好好吃

在许多情境中，人们由于缺乏有关适当行为的知识，又不愿在判断或行为上出现错误，就需要从其他途径来获得行为引导，根据社会比较理论，在情境不定的时候，其他人的行为最具有参照价值。比如一家不怎么好吃的店，只要看到有人排队，就必然会引来一群人排队购买。唯品会的“排行榜”产品，就是通过系统拉取各个类目的热销商品列成榜单，给没有明确购买需求的用户推荐平台的热卖商品，如图 5.4 所示。用户通过榜单，可以了解到平台人气产品是哪些，大家都在买什么，哪些商品比较值得信赖。

图 5.4　排行榜

（6）用户体验：亲自体验产生信任感和消费意愿

用户与产品的时间关系可以简单分为如图 5.5 所示的五个阶段。

分析用户心理可以让产品走得更远，当然这不是目标，成功的产品是一个不断被用户想起的产品，而不是一直想着怎么才能活下去的产品，好的品

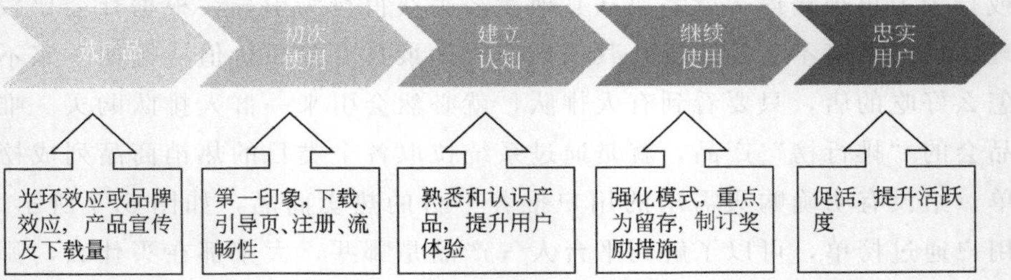

图 5.5　用户与产品的时间关系

牌让用户觉得与自己的身份、价值观、世界观相符。如果产品能够尽可能满足深层次需求，用户对品牌会有如信仰一样的感觉，一个人的需求可以分为五个层级：自我实现、尊重需求、社交需求、安全需求、生理需求，如图 5.6 所示。

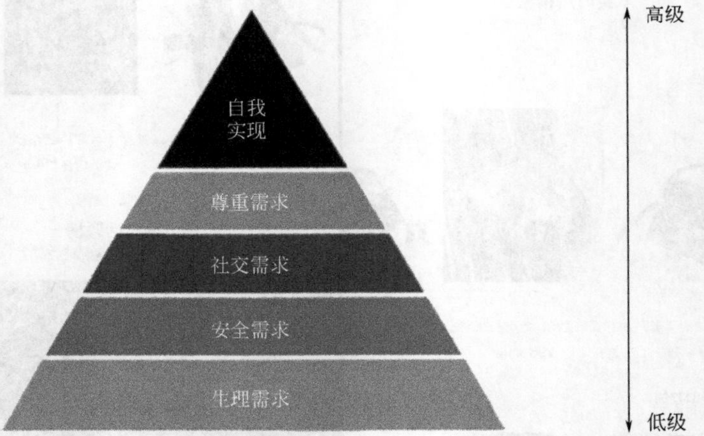

图 5.6　人需求的五个层级

挖掘用户的心理是提升用户体验的充分条件，用户不愿想、不愿等、不愿烦。所以在不得已要让用户等、想的时候，一定要做好反馈和响应，转移用户的注意力。减少不必要的 HTTP 请求数；使用内容分发网络（CDN），压缩网页元素，把样式表放在网页的顶部，把脚本文件（JS）放在网页底部，把样式表和脚本放在外部文件中，减少 DNS 查询次数（减少域名的使用），缓存 AJAX。如果用户需要等待，有响应很重要。站在用户的角度，换位思考。要记得，你是你产品的第一个用户。

以前遇到不认识的字人们总是会拿起字典，从偏旁部首找起，再找到读音，然后看这个字都可以表达什么意思。现今，拿起手机百度一下然后一扫而过，下一次遇到还是熟悉的陌生字。在快节奏的熏陶下，消费者慢慢可以一键解决各种需求。自主思考和判断能力一点点被腐蚀。安于“量身打造”的各种产品中，我们是在进化还是在退化呢？

5.1.5 奇怪的消费者心理

（1）价格越高越好卖——虚荣效应

富人们一般不喜欢大众模仿他们的消费行为，这种情况就叫作虚荣效应（snob effect）。虚荣效应具体是指购买商品的时候追求与众不同的个性的现象，在韩国也称为白鹭效应。对于某些人来说，即便是自己原本长期使用的商品，一旦成为大众化商品的话，他们就会将其更换为并不广为人知的新商品，就好像如果一个地方的乌鸦大量涌进，白鹭就会离开一样。

1950年，美国经济学家哈维•莱宾斯坦（Harvey Leibenstein）同时发布了随着其他人的使用与否增加购买意图的从众效应（bandwagon effect）和随着其他人的使用与否减少购买意图的虚荣效应。如果某种商品成为广为人知的人气商品，则人人都想购买，这种现象就叫从众效应。英文中bandwagon指游行队列中领头的乐队车辆，人们在大街上看到bandwagon就认为会有有意思的事情而无条件地跟随。从众效应就是指这种不细加考虑就跟着别人做的消费行为。虚荣效应则是指与从众效应正好相反的现象。但是，虚荣效应并不止于不购买大众消费品，也可以解释为对非大众性商品的购买需求，简单地说虚荣效应就是对高档商品的个性追求倾向。虚荣效应主要有以下两种表现。

① 高档商品刚上市的时候迅速购买。这是因为，在这一瞬间并不是每个人都能享受到消费高档商品的荣誉。

② 不论之前如何热情赞美的商品，一旦其市场占有率达到一般大众都可以消费的水平就不再继续购买。这是因为人人都能购买使用的商品既不会让人感到荣誉，也不会有高档的感觉。不过，这样的虚荣效应并不是在所有商品上都会出现的。商品越是高档，越是以个人消费为主的时候，虚荣效应

越是明显。

如果不是以个人消费为主，购买商品是为了向外部展示的时候，即便其价格高昂，也可能出现价格越高需求反而有所增加的从众效应。如果认为商品目标市场中有较大的可能性出现虚荣效应的话，在建立营销计划时有必要留意以下三点。

① 相对于商品的市场占有率，更重视其终生价值（life time value）。也就是说，在市场战略的选择方面，相较于扩大客户数量，更注重把焦点集中在维持原有客户上，因为如果只关注眼前的利益而把重点放在市场扩张上而忽视原有客户的话，总有一天连原有客户都会离开。不仅如此，从某个时点开始，市场战略不能只停留在不再扩充新用户上，还要做防止新用户流入的限制性营销（demarketing）才行。

② 要绝对回避价格竞争。降低价格会诱发两方面的问题。对价格比较敏感的一般大众会购买降价后的商品，而这会降低商品的稀少性，导致现有客户的离开。而且，在市场中价格有时会成为商品品质的一种指标，所以价格的降低很容易导致商品品质的下降。

③ 作为市场后入者，要尽量避免如“我也要做”（me too）形式的商业推进。因为具有虚荣效应的市场看起来会有很好的收益率，而且竞争者也不多，但是，新的竞争者参与市场的同时，就有可能导致市场本身发生崩溃。新竞争者的参与会增加消费，但因为虚荣效应，原来的客户可能会选择离开市场。原来的商家因为之前已经享受了高收益，所以还可以收回投资成本，而新加入的竞争者就只能蒙受巨大的损失。活跃在19世纪后期和20世纪初期的美国制度学派经济学家索尔斯坦•凡勃伦（Thorstein Bunde Veblen）在其著作《有闲阶级论》中指出，虽然一般来说，商品价格的上涨会导致需求的降低，但在某些商品上却存在着价格上涨反而导致需求增加的现象。通常在价格昂贵的高档品牌上出现的这种现象被称作凡勃伦效应（Veblen effect），而具有这种特性的商品就叫作凡勃伦商品（Veblen goods）。

相反，价格下降的时候需求也下降的商品称为吉芬商品（Giffen goods）。通常价格下降会导致需求上升，但是如果价格的下降导致的收入上升效果更大的话，就会降低对该商品的需求。实际上这种情况非常少见，只有在收入中对该商品的消费支出占整体支出比例较大的情况下才会出现这种现象。

落后国家模仿发达国家的消费模式，或者低收入者模仿高收入者的消费行为现象被经济学家杜森伯里（Dusenberry）称为示范效应（demonstration effect）。消费者的行为不受自身绝对收入的影响，而是取决于相对于周围其他人的收入，自己的收入处于什么水平。这就是相对收入假说。示范效应的核心如下：社会中有从低档到高档多种商品的时候，想要更高档的商品是人之常情，而能够更多地接触到有较高社会地位者的人，他们的这种需求会更大。

购买某种商品后，消费需求会向和该商品有关联的其他商品延伸。这种延伸效应就是狄德罗效应（Diderot effect）。狄德罗是 18 世纪法国启蒙思想家组织百科全书派的哲学家。有一天，狄德罗买了一件新的家居服，之后就觉得屋内的家具都显得很旧，于是为了能跟家居服相匹配他换了新的书桌，然后换掉了壁挂的装饰品，最终换掉了所有家具。这就是狄德罗效应，相信这会是受装修业者欢迎的一种效应。

（2）大手大脚的浪费能拯救经济——节约悖论

如果消费超过收入，就没有余钱可以储蓄，也就无法积累资金，最终只能过贫穷的生活。所以，为了成为富人我们会努力工作，有时候也会变成“吝啬鬼”，为了能储蓄更多钱而努力。这个原理对于个人是适用的，但是对于国家整体经济是否也适用呢？如果所有国民都变成“吝啬鬼”，这个国家能够变得更加富强吗？答案是否定的，尤其是在经济不景气的时候。让我们看看其原因何在。一旦经济不景气，基于对未来的担忧，人们会选择更多储蓄进而减少消费。可是如果所有人都减少消费的话，企业的销售额就会降低，库存就会增加。随之而来的是企业只能降低生产，减少雇佣成本，而企业员工的收入就会减少。那么，对未来的担忧就会强化，人们会更加坚定地减少消费，增加储蓄，于是整体经济就会陷入愈发不景气的恶性循环中。这就出现了以个人的角度看储蓄是合理的行为，而从整体经济上看又不合理的悖论。这称为节约悖论（paradox of thrift）。在逻辑学上对个体适合、对整体不适合的现象叫作合成谬误（fallacy of composition），节约悖论正属于这种合成谬误。

20 世纪 30 年代，全世界陷入严重经济衰退的时候，出现了这样的节约悖论。面对不景气的局面，商家都减少了消费，于是经济陷入更大的不景气中。洞察这一悖论状况的英国经济学家约翰·梅纳德·凯恩斯开出了如果家庭不能扩大消费的话，政府也应该承担财政赤字、扩大政府支出的处方。因为只有这样，整体经济的需求才会扩大，企业的销售额才会增加，生产和雇用状况也才能够得到改善。最终通过增加家庭收入的方式扩大家庭的消费。正因为凯恩斯透彻地了解个体储蓄和整体储蓄之间的区别，才有可能拿出这样的解决方案。凯恩斯在他的《就业、利息和货币通论》一书中就指出：在经济不景气的时候，消费就是美德，储蓄就是恶行。

不过，凯恩斯并不是第一个认识到这种状况的人。18世纪初，伯纳德·曼德维尔（Bernard Mandeville）就已经看穿了这种现象。他主张单纯靠具备好的德行是无法让国民过上好生活的，并且认为通过节约和储蓄，个人虽然可以增加财富，但在国家层面上这个逻辑是完全行不通的。他以禁欲和利他心是伪善的，恶行的欲望正是经济发展的原动力这样的观点正面挑战了基督教的伦理观。谴责他的人因为他公开拥护恶行而用谐音称他为人间恶魔（Man-Devil）。1666年，伦敦发生大火灾，整个英国陷入危机。但是曼德维尔曾乐观地表示，虽然伦敦大120火灾是巨大的灾难，但是在重建伦敦的过程中扩大的有效需求会激活英国经济。

如今，电视和报纸中还会经常报道经济不景气中老百姓缩衣节食，而富人们大肆购买昂贵的名牌货，过着奢华生活的现状，指责富人们的消费行为。但是，从节约悖论上看，富人们的这种消费能够增加整体需求，反而是在帮助经济尽快恢复。

如果商家不能扩大消费的话，政府也应该出面扩大政府支出，为企业提供投资优惠条件，而且要努力吸引外国投资者和观光客，增加投资和消费。只有这样才能形成良性循环最终让经济景气起来。

（3）免费未必就好——免费经济学

“世上没有免费的午餐”是1976年获得诺贝尔经济学奖的著名经济学家米尔顿·弗里德曼（Milton Friedman）常说的一句话。有的信息粗看之下似乎是免费的，实际上经过了解后发现并不是免费的意思；或者可以解释为免费后面隐藏着某种诱饵，还可以理解为不要期待不付出代价的免费东西。就像“免费的奶酪只存在于捕鼠器上”的俄罗斯谚语一样，对免费的东西保持警惕是亘古不变的道理。不过，有真正免费的主张逐渐占了上风。就像劣币驱逐良币一样，免费驱逐收费的趋势得到了强化。英国的《经济学人》展望2008年的时候把这样的趋势命名为免费经济学（freeconomics），将单词免费（free）和经济学（economics）合起来形成新词。

2007年唱片业发生了一个大事件。人气歌手普林斯（Prince）通过英国《星期日邮报》免费派送新专辑 Planet Earth 的 CD，数量达到了300万张。听了唱片的人去演唱会的概率会更高一些，但是也没有一定如此的保障。当然，也可能是因为预料到即便不免费派送人们也会进行非法复制和传播，所以才免费派送。总之，这真是一个令人震惊的做法。韩国也有过类似的情况。2007年LG电子出品了具备MP3强化功能的高档音乐手机。世界级的音质专家马克•李文森为手机安装了可以保证音响效果并且用手指可以灵活控制的操控键，利用高级听筒保证了MP3功能。这个手机中搭载了7名顶尖歌手的唱片。在手机公司采用这样的免费战略之前，谷歌很早就提供了大空间的免费邮箱服务 Gmail，UCC 网站 YouTube 也提供了大容量的免费视频空间，网络电话服务商 Skype 也给消费者提供了免费的长途电话、国际长途业务。

从很早开始，酒吧里就免费提供下酒小菜，为什么这种策略会奏效呢？这是因为在提供了花生等下酒小菜的时候，人们喝酒的概率会变大。更进一步地，美国的酒吧里水也是收费的，理由很简单，水喝多了喝酒的概率就会降低。简单说下酒小菜和酒是辅助关系，而水和酒则是竞争关系。酒吧老板通过过去丰富的经验，一直采用这样的销售策略。看看我们周围，就能发现很多免费营销，地铁站前的免费报纸就是其中一种。曾经威胁到日报和体育报纸的免费报纸因为有很多读者，所以可以从广告收入上获得高收益。人气差的免费报纸会因为得不到足够的广告收入而被淘汰，这样的话，幸存下来的免费报纸就可以逐步占据更加有利的位置。越是资金实力雄厚的公司，在这种免费竞争中能够生存下来的概率就越大。因此，消费者也可能会面临因为垄断招致的损失。免费经济市场的另一个弊端就是对资源的浪费。以免费报纸为例，因为免费派发给消费者，所以新闻纸会被大量浪费掉。大量生产、大量消费的体制会导致能源的过度使用而招致地球变暖势头的加速。

企业经营专家中，几乎没有人不知道汤姆•彼得斯（Tom Peters）的，他之所以如此有名是因为他于1982年和罗伯特•沃特曼合著出版了《追求卓越》一书。有意思的是这本书出版之前，他们制作了1.5万部的试读版免费派发给对此书有兴趣的读者。当然，这令出版社大吃一惊，因为他们认为这本书本来销量就不会很大，还免费派发这么多试读版。不过，这本书能够成为超级畅销书也正是这个免费试读版的功劳。阅读了试读版后感受良多的读者在此书正式出版之后蜂拥购买，导致此书销量激增。托免费派发策略的福，汤姆·彼得斯成了超级畅销书作者、顶级演讲家和顶级咨询专家。

5.1.6 表情咖啡杯设计的心理因素

设计心理学是专门研究在工业设计活动中，如何把握消费者心理、遵循消费行为规律、设计适销对路的产品，最终提升消费者满意度的一门学科。通过设计心理学相关知识研究消费者的心理，这是在产品设计中必不可少的要素分析。这样产品才能满足消费者的心理需求，并且才可能有客户群体，才能得到消费者的认定。工业设计活动是处理人与产品、社会、环境关系的系统工程，可以称它为社会工程或文化工程。它的出发点是消费者的需求，归宿则是消费者需求的满足。即工业设计是以消费者为中心，满足消费者全方位需求的设计活动。而过去所说的工业设计活动，只满足消费者的功能性需求，重点是产品的使用价值，处理物与物的关系，它所面临的任务仅是单一产品的功利性，具体的实际操作处理和创造；而现代设计是一个涉及物质、精神、社会的无限宽泛的开放性活动。它包括：消费者、消费者心理、消费行为规律、适销对路的产品、提升消费者满意度。

Smile Cup 是一个充满奇趣的咖啡杯设计，不论是从设计的角度出发还是从消费者的角度出发，都需要一种媒介将两者联系在一起，那就是设计心理学。设计者是从客观的理论性出发，而作为消费者的我们是从心理感受出发的，下面就让我们一起探讨一下此款咖啡杯的设计心理学。

（1）Smile Cup 咖啡杯的造型设计

Smile Cup 一个充满奇趣的咖啡杯设计，半圆形的咖啡杯能给托盘留出空间放些饼干奶酪之类的小点心，而杯子本身，从上面看起来的时候，正切面就仿佛一个张大的嘴巴，与杯子上的眼睛组合，就成了有喜怒哀乐的咖啡杯（图 5.7）。

图 5.7　杯底表情

这款杯子在色彩上、材料上、形态上、配合上、表情上等都应用了巧妙的心理学。在形态上，我们不难看出它的奇特性，与以往我们所见的咖啡杯相比有很大的突破性，设计者大胆地应用了半圆形态来构成嘴的形态。在配合上，由于空间占用量的减少，使和杯子配合的碟子可以有放餐点的空间，这是一种巧妙的设计。在表情上，碟子上的小眼睛若隐若现的，仿佛在和你打招呼，让人见了爱不释手，产生快点吃掉碟子上的食物，看见笑脸的冲动。在材质上；以陶瓷为原料，圆润光滑的触感，光洁的表面使你一触不能自拔，沉甸甸的使你充满满足感。在色彩上；采用纯纯的单一色，颜色艳丽而不失沉稳，单调而不失乐趣。

杯子的各种变化，使你在使用时，有新奇的视觉感受和感知感受。在你第一使用时你会用心地琢磨，用心地观察，并寻找自己的使用方式，达到一种愉悦的感受，并被它吸引，如图 5.8 所示。

（2） Smile Cup 咖啡杯对消费者的心理影响

① 情感反应分析。情感反应是指当人们读到、听到、想到、使用或处理某一产品时，所产生的感触和感情。我们在看到这款咖啡杯时，会不自觉地去注意它、观看它、研究它，情不自禁地想要伸手把玩，所以在这一点上设计者就已经成功地抓住了你的心，使你不得不对此产品投入自己的感情。

② 认知反应分析。认知反应是指对产品和服务的信念、看法、态度和

图 5.8 微笑表情

购买意图。你看到它时，首先在态度上已经改变了，是那种充满好奇的神态，因为它形态的新奇，你会认定它是新奇的新产品，与以往不同的产品，给它定义了一个新的标签或是在你的内心里已经对它另眼相看并添加关注了。但是以上两种反应在性质上有的可以量化表示，有的则不能量化表示，并且这些反应的对象范围可能非常具体，也可能非常广泛。

③ 行为反应分析。行为反应包括购买决定以及与消费相关的各种活动。例如，包括获得、使用、处理产品和服务在内的各种行为。这是人反应的最后表现，就是在你之前的两种反应的作用下，你会有一种对它的渴望，渴望使用，渴望购买，渴望拥有。就像我们看见别人有某种东西时，它允许你看，你使用，但它毕竟不是你的，所以这时人的心理起了作用，就会询问别人在何处购买的自己也想购买。这就是我们的行为反应，最后是要落实在我们的行动上的。然而不同的人在面对同一件商品时，会有不同的反应，所以任何一件商品都不可能得到所有人的认可，所以设计师在设计产品的时候一定要注意自己的设计定位。

④ 个人变量分析。人在不断地变化，环境也在不断地变化。人有各种

不同表现，如智力、个性、兴趣、爱好、见解和偏好等，而个人变量指的就是这些内在于具体个人的变化着的各个方面。例如这款咖啡杯，它主要的风格还是趣味性的，它能给人们沉闷的生活带来一点乐趣，但是行为规范、处事严肃的人可能不会喜欢，而那些对生活充满热情和心态年轻的人就会很喜欢它的形态、巧妙的构思、纯纯的颜色。

⑤ 环境变量分析。环境变量指的是外在于人的环境方面的变化因素，它提供人类行为发生的背景。这款咖啡杯在休闲娱乐时使用再合适不过，因为它能增加欢乐的气氛。但是如果在正式的场合，如谈判、开会等场合，就显得有一点不庄重。这些心理因素决定了它使用的局限性。所以设计的定位很重要，表情咖啡杯不言而喻是带有趣味的。

⑥ 人与环境的相互作用分析。人与环境的相互作用包含消费者和环境的动态关系。这就需要把人和环境结合起来，从二者动态平衡的角度，根据具体情况，采用具体的广告策略和方法，追求最大的营销效果。就像咖啡杯与餐点之间的互动，你在使用时不用担心没处放餐点，而且在吃餐点时还有可爱的笑脸等着你发现，这是消费者和产品最默契的互动。

（3） 消费者心理分析

消费者心理是指消费者的心理现象，它包括消费者的一般心理活动过程，也涉及消费者作为个别人的心理特征的差异性即个性。

① 消费者心理现象的共同性。表现为对产品的感知、注意、记忆、思维和想象，对产品的好恶态度，从而引发肯定和否定的情感，最后反映在产品的购买决策和购买行为上。这些都是消费者具有的共性的消费心理。

② 消费者心理现象的差异性。表现在消费者对商品的兴趣、需要、动机、态度、价值观的不同，必然产生不同的购买行为。比如，对集邮消费者来说，集邮是一种需要，即使价格再贵，自己经济并不宽裕，也要节衣缩食，这种购买行为是其他消费者所不能理解的。

③ 消费者的注意与理解。为什么有些产品的包装在商店的货架上看起来那么显眼？为什么有些电视广告能够一下子抓住销售者的注意力？为什么有些报纸杂志的印刷广告能够让消费者眼睛一亮而停止翻页？这些问题实际上就是设计师如何使自己设计的产品让消费者真正的关注、更好的加深理解和引起消费者更大的注意。

(4) 影响注意强度的因素

① 知识和经验。传统意义上的杯子发生了变化，打破了你的经验积累，你就会更加的注意它，唤起警觉的状态，如图 5.9 所示。在正常情况下，人们一天中所经历的状态是处于典型或基本的警觉水平。当看到奇特造型的杯子时，你的警觉性就会被唤起。

图 5.9　表情变化

② 形象生动性刺激。与显著刺激不同，形象生动性刺激吸引注意是不分环境的。显著性是背景因变量，即在一个给定的环境中，如果出现其他刺激，显著性刺激效果有所不同，而形象生动性刺激是背景自变量，即在一个给定环境中，不管其他刺激出不出现，形象生动性刺激表现如一，它与个人兴趣、具体性、接近性等有关。

③ 个人兴趣。当激发某人兴趣的刺激时，另一个人却不一定感兴趣。

④ 具体性。具体有形的信息容易让人在脑海中形成图画，容易使人想象和思考。

⑤ 接近性。接近或贴近消费者的信息，与远离消费者或与消费者不是息息相关的信息相比，更形象生动，对消费者的影响更大。接近性分为三种类型：感觉接近性、时间接近性、空间接近性。这款咖啡杯就有让人想接近

的冲动，想用手去触摸，想用眼去观察，想去细细品味研究。

⑥ 消费者的理解。有效的营销沟通不仅吸引消费者的注意，而且以消费者理解的方式传递信息，消费者能够从传递的信息中概括抽象出其中的意思。理解具体地讲就是将信息概括抽象，探明其中的意思，就是弥补信息传递过程中的缺陷，形成自圆其说的推断，使不完整信息变成完整信息。理解包含：将沟通过程中传递的信息和基于先前经验的信息及储存在记忆中的信息进行联系比照。咖啡杯的设计独特性要让消费者了解设计师所设计产品的意图和目的，能够了解其内涵，享受着产品带来的乐趣。

5.2　设计心理学在室内设计中的应用

5.2.1　室内设计的心理学效应

室内环境的设计是影响人心理活动及变化的重要因素，由于人大部分时间都是在室内度过，在不同的室内环境中人的心理和行为受到不同的影响。但是在人的心理差别的前提下，人类对整体的环境氛围形成的心理也存在一定的共同点，特别是在室内的距离感、领域感与私密性、安全感方面。

（1）室内空间的安全感

在室内设计心理学中，人们的安全感是伴随着个人空间的领域感和私密性而进行的延伸性心理感受。人们在居家以及消费场所等区域内，对安全感的追求可谓不约而同，因此，在进行室内设计的过程中，集合人们对安全感以及归属感心理的需求，合理进行室内空间、布局、室内装饰、家具、座椅等方面的设计。从人们心理安全感的角度来说，室内设计的空间并不是越开阔越好，过于开阔的空间会让人们在内心形成一种孤独的负面感觉。

（2）室内空间的距离感

室内空间的距离感是人们在自我空间领域内形成自我保护意识的主观界定。人类不同的活动都具有其自身不同的生理和心理的距离范围。按照人们的思维惯性，总是会根据彼此之间的亲疏程度的不同来调整交往距离。在室内设计的具体实践中，需要根据不同家具的形制、大小等方面设置不同的摆放位置，以此产生不同的距离效果来迎合客户的心理需求。

（3）室内空间的领域感与私密性

领域感与私密性是现代人们对室内设计效果的基本要求。领域感是指人们在房屋空间内形成的可以控制的心理范围。主要是通过人们的心理活动体现出来的，是一种抽象的领域范围，这个范围可以是一间房、一个座位，也可以是一片区域等。

5.2.2 设计心理学在室内设计中的应用

（1）设计心理学在室内空间设计中的应用

空间距离是室内设计的重要方面。在人与人的日常生活交往中，对空间距离的远近、空间的构成方式有着不同的要求，而且在人际交往的过程中人们之间的距离和空间并不是保持固定不变的，而是与人与人之间的交往环境、社会地位、文化背景等方面联系密切。在室内设计中，室内空间设计也分为互动场合和非互动场合两类，互动场合需要人们进行适时沟通和交流，利用人们之间的交流形成合作和完成工作内容，一般为办公空间；非互动场合一般不需要人们进行过多的交流与合作，一般为住宅的室内设计。

（2）设计心理学在室内视觉设计中的应用

视觉是一种极其复杂和重要的感官效应，人类感受外界氛围以及信息大部分是来自视觉，而视觉带给人们的感受影响人们在室内环境中的心理感受。人类对环境以及事物的认知过程是这样的：首先，人们可以通过视觉确定事物的存在；其次大脑会将眼球所传递的视觉信号同周围的环境相分离，继而形成视觉心理感受；最后，思想又会集中到事物的本身，才会注意到事物的外形。

（3）设计心理学在室内结构设计中的应用

空间图形是由点、线、面的集合组成的，空间图形和造型对人们的心理影响程度较大，人们可以根据室内空间造型的设计或产生轻松、愉悦的感受，或产生压抑、烦躁的感觉。因此在室内设计中，室内造型的恰当设计也是引导和协调人们心理感受的一种方法。

5.2.3 设计心理学在居住空间设计中的作用

设计心理学是艺术设计学与心理学融合在一起的综合科学，它研究设计艺术领域中的设计者和设计对象的心理活动，以及对其心理产生影响的相关因素的科学。

（1）空间距离设计对于人的心理

距离感是人在空间中自我领域的防范界定，在进行不同的活动时有不同心理范围需求，人们会依据对象的亲近程度来调节适当的距离尺度。比如，在地铁中的拥挤感触到某人心理底线时，他通常会选择转移注意焦点，把注意力转移到别处以此来达到心理平衡。

（2）安全感

安全感是一个人自我空间领域的延伸，人们对于空间安全感的需求是必备的，在室内空间环境中，设计空间给我们带来的心理安全和归属感特别重要。从心理角度分析，大众对室内环境空间的感受并不是越宽敞明亮越好，过于开敞的空间环境会令人不安。

（3）空间中色彩的设计

在室内空间环境的设计中，色彩的选择也对人们的心理环境有不可忽视的作用。色彩带有较强的视觉冲击力，能充分吸引人们的注意。心理学研究表明，在观察某一事物时，人们先观察到的是色彩，然后才是形态及其他。在色彩的设计中还应留意公众色彩心理问题，对于个性不同的人来说色彩带来的直观感受也千差万别。

（4）色彩调节对心理的影响

色彩对于人们的心情也有着重要的影响，如果使用者出现情绪低落、萎靡的状况，在视野中看到红色、橙色、黄色等暖色调的事物会使人心情恢复，逐渐转好。心情闷闷不乐时，特别是易患有抑郁症的使用人群不建议接触蓝色，会一定程度加重病情；患有孤独症的人群在白色区域停留太久同样出现不良效果。

5.2.4 室内设计与心理学的关系

随着生活水平的提高，人们开始从追求物质生活的满足转向追求精神生活的富足。尤其是在居住环境上，人们不仅仅满足于单纯的居住需求，更多地开始向室内设计的美感与室内环境对于个人情绪的需求转化，更注重心理体验。室内设计心理学由此产生。室内设计与设计学、美学、艺术学及心理学都有一定的关联性。现代室内设计的目的就是运用多种学科理论及实践，为人们设计出更健康、更安全、更舒适的室内居住与生活环境。心理学是研究人们的心理现象及行为的科学，是一门理论与应用结合的学科。心理学与室内设计相结合，衍生出来的色彩心理学、视觉心理学、空间心理学都是室内设计中必须考虑的心理学应用范畴。

（1）冷暖色调在室内设计中的作用

色彩心理学在室内设计中的应用，可以依靠色彩不同的冷暖色调来选择颜色。色彩的冷暖体验主要来源于人们对于自然界的联想与想象，如红、黄、橙等暖色调使人联想到炽热的火焰，蓝、白等冷色调则使人联想到海洋或冰雪。在室内设计中，利用冷暖色调能够产生不同的效果。一般来说，无论是刷墙漆还是贴壁纸，墙面的颜色都是整个房间色彩的基础。家具的色彩倾向、灯具的亮度都受到墙面颜色的影响和制约，墙面颜色的选择同样会受到光线、个人心理及家具的影响。从总体来看，光线充足的房间可以选择以冷色调为主，如浅蓝色等；光线不足的房间，则更多地选择以暖色调为主，如奶黄色、浅橙色等。

（2）个性化与从众心理在室内设计中的应用

个性化与从众心理，看似相互矛盾，实则有一定的紧密联系。在室内设计中，如果处处彰显个性，则会没有设计重点；如果过于强调从众心理，则又缺少一定的特色。因此，优秀的室内设计应该是个性化与共性化的结合。

从室内设计的个性化心理来看，个性化逐渐成为室内设计的关键因素，而表达个性化的首要特点就是创新。室内设计的创新性包括设计的构思、空间合理布局、材料的选择等多方面因素。在室内设计中越来越重视个性化的表达，主要是因为人们需要给自己的生活与生存空间赋予一定的感性色彩，或通过室内设计传达出一定的人情味。

从室内设计的从众心理来看，在室内设计的表达上，需要注重以人为本，强调人文关怀理念。此外，还要把握全局原则，追求个性化应以全局观念为基础。室内设计的共性化与个性化并不矛盾，它不是强调室内设计一成不变，而是在表达个性化的同时，追求室内设计的和谐统一。因此，在室内设计表达上，应注重个性化与共性化的结合。

（3）其他心理学知识在室内设计中的应用

除了以色彩为主要表现的视觉心理学应用，个性化与共性化的个体心理传达，室内设计中对于其他心理学知识的运用也较为丰富。从安全性心理来看，无论是个人室内设计，还是公共场所的室内设计，安全性都是需要考虑的问题。在室内设计中，人们对空间会有一定的安全性需求，如在儿童房的设计上，对于安全性的需求尤其重要。儿童房的主要功能就是提供儿童睡眠、游戏与学习的空间，因此，在安全性的设计上也需要考虑睡眠、游戏与学习的空间。从睡眠空间来看，幼儿需要设置安全护栏，床的高度也要适当，以满足儿童的睡眠需求。从游戏空间来看，在解放孩子天性的同时，也要注意安全性。如幼儿刚学会走路时，应该在床脚等处安装防撞条等。

从光影角度来看，无论是室外的天然光影，还是室内的人工光影，都对室内设计起到一定的影响。现代室内设计中，光不仅仅作为照明的功能存在，还能制造情调或创造环境气氛。如德国的国会大厦穹顶的艺术性采光设计，借助自然光影，营造出更具美感的空间氛围。又如很多KTV 或者酒吧，通过不同光影的选择营造出一种娱乐氛围。从一般家庭的室内设计光影选择来看，大多选择比较柔和与温暖的光源，再加上与自然光影的巧妙结合，可以营造出更温暖的阳光房。光影条件是室内设计中不可或缺的元素，适合的光影条件可以使空间更美观、更舒适，从而影响人们的心理表现力。

5.2.5 艺术作品在室内设计中的心理表达

在基本满足物质生活的基调下，人们开始追求精神层面。越来越多的人把去听音乐会、看画展当作生活中必不可少的事情。精神境界的提升与千篇一律的家装风格摆在一起显得有些不协调。装修风格缺少精神的表达，只是一味地用大众审美可以接受的样子去敷衍客户，缺少了站在客户角度上的心理学体验。在室内设计中可以运用设计手法表现出多种不同的艺术氛围，一张绘画作品同样可以塑造空间。室内设计的表现方法包括以下几个方面。

(1) 形态分析法

形态分析法是美国加利福尼亚州理工学院教授兹维基首创的一种方法。他把研究的对象看成一个整体，将这个整体内的各个不同结构和功能上特有的形态特征提炼出来，对提炼出的元素进行分析，并把它们组合成新的形态，得出全新的思维理念。在考虑空间用途和性质的基础上，形态分析法是把全部设计内容看为一个整体，整体包括艺术意向品以及整个空间所需要的全部材料。就好比一件花瓶和一把椅子都是客厅区域内的艺术意向品，那么可以将花瓶和椅子中的所有形态进行提取，选取花瓶外部的流线造型和椅子腿的造型元素创造出与花瓶外部流线形态相似的茶几面边缘外形和与椅腿造型相似的茶几腿，从而形成新的茶几形态。

(2) 联想法

联想法属于一种跳跃式思维连锁反应，是由一事物想起另一事物，一个概念想到另一个概念，一个现象想到另一个现象，一种方法想到另一种方法的心理过程。可以在短暂的时间内由一种形态转移到与之没有任何关联的另一种形态上，并把这种形态展现出来。在考虑设计区域的基本用途后，从一件艺术品上得到信息并快速地将这个信息进行思维上的转换，从一事物转换到另一事物上，并把另一事物表现出来。就好比可以把树枝支撑树冠的方法运用到房屋内部较大支柱支撑屋顶的顶架结构中，又或者可以将动物造型的艺术品运用到生活用品的设计上来。

(3) 场所精神

场所精神指的是任何单独存在的个体都有自身内在的独特精神和独特氛围。场所与自然环境和单独的空间有着本质上的不同，它是由两个因素结合的整体。它能够表现出在特定区域内的外部环境特点以及人们在这个场所内的生活方式体现。场所一般可以将人们精神层面的东西靠着具象的物体反映出来，烘托了整体的气氛。室内设计作为场所精神传达的载体，其室内空间的形式美感往往是通过装饰元素呈现的，元素是室内设计场所精神展示的符号，是最直接的展示方式。这些具有单独特点的元素一般都会以点的形式出现。通过将艺术品中某个特定的点符号进行分析运用，结合颜色、材质、形状的表现，就会形成整个区域内设计风格的主要格调，进而带领着其他方面与之靠拢，形成特定的场所感。

（4）艺术作品与室内设计的融合

室内设计的样式风格是十分广泛的，合理巧妙地运用艺术品进行装饰能够很好地营造艺术氛围。通过运用某一件艺术品与设计内容相结合，能提供给业主一种视觉上的享受和心理上的艺术体验。艺术品在室内设计空间中的表达形式是多种多样的，其选择主要看室内空间的用途和性质。

5.2.6 室内设计中的心理感知觉

感知觉是存在于每一个人身上，使人们认识世界的基础和前提。事实上，每一个室内设计的作品都包含着对感知觉的应用，然而这种应用有可能是完全无意识的，也有可能是经过深思熟虑的。这个过程往往体现在设计过程中，在设计作品中去逆向分析的话，恐怕只能是猜测，所以有效的数字分析几乎是不可能的。

（1）空间知觉的尺度感

对于室内设计来说，没有什么比尺度以及空间更重要的了。空间是设计室内设计的基础，设计往往是建立在空间基础之上的，而尺度的建立是以人为根据的，这并不是说所有的尺寸设计都要围绕着人的身体，而是依靠人的需求。设计的尺度和空间适合人是为了人使用方便，并符合人的心理需要，不适合人的尺度是为了取得意想不到的效果，也是为了心理需要。

要想通过尺寸感和空间设计发挥出感知觉方面的冲击、震撼效果。就要找准正确的方法。方法大致上可以分为以下几种：

① 形式的分类：生命体的尺寸感和空间、非生命体的尺寸感和空间。

② 室内设计的空间结构分类：半围合空间、围合空间。

（2）生命体和非生命体的尺寸感和空间

形式的分类中生命体并非真正的生命体。因为真正的生命体是一种客观存在，它们遵循的是自然的法则，短时间之内改变的可能几乎是微乎其微的。它们的问题应该由生物学家来解决，而不是设计师。我们所说的生命体，是指具有生命体形态的装饰物以及装饰形式，也可以说是非生命的。例如，人形雕塑等。生命体和非生命体的形式，给人的感觉会有明显的区别。非正常尺寸的生命体装饰物或者装饰形式给人的感觉是诡异、神秘，有着明显的崇拜甚至是膜拜的情绪，这种情绪往往指向超自然的因素。除非是坚定的唯物主义者，同样的事物，不一样的尺寸会给人完全不同的心理感受。

（3）不同的空间结构给人不同感受

空间结构分类可以分为围合和半围合两种。这两种空间在处理上也有着一些明显的区别。如果说围合性的空间主要体现其宽广，那么半围合空间就主要体现其雄伟。这是处理这两种空间应遵循的原则，原因很简单。作为一个围合性的空间，最让人震撼的莫过于它的宽广。如果在一个空间体积不变的情况下，使其内的装饰显得过于雄壮，势必会造成空间的局促感。如果在一个半围合的开敞性空间内过于追求空间的宽广，而导致其给人以柔弱的感觉，那就得不偿失了。因为开敞空间本身就有着相当不错的视觉延展性。

① 围合空间。围合的室内空间可以分为有窗的和无窗的两种，有窗的是非常常见的。大多数的住宅、办公都属于有窗的围合空间。也有一些出于空间的特殊需要，采用无窗的形式。例如，KTV歌厅、音乐厅等。无窗的围合空间在家具选择上应该选取秀美类型的，如果选取的家具体积过于庞大或者风格粗犷的话，就会更加显得空间压抑。另外，在装饰上也应该尽可能多一些。因为围合空间的重点要放在室内空间本身上，围合空间的装饰色彩选取上也要尽可能地明快一些。明快的色调不会显得空间压抑。当然，特殊用途的室内空间需要特殊的设计，在这里就不再详细论述。

② 半围合空间。半围合就是指室内设计中，空间没有完全的围合。有着和外界沟通联通的部分，这样的建筑形式很多，例如走廊、阳台等。这类的空间在家具的选取上尽可能地粗犷一些，因为人们在半围合空间中的关注重点往往是室外的景色以及天气的变化。这也是建筑设计之所以设计成这样的初衷。色调的选择上也尽可能地深一些，这样更能突出自然的美景。毕竟现在的时代特征是，往往自然景观更加受人喜欢，因为它们更加难得。而人造的装饰、钢筋混凝土的丛林，则比比皆是。

5.2.7 室内设计中的虚空间心理

由空间限定要素构成的建筑，表现为存在的物质实体和虚无空间两种形态。前者为限定要素的本体，后者为限定要素之间的虚空。从环境艺术设计的角度出发，建筑界面内外的虚空都具有设计上的意义。而由建筑界面围合的内部虚空恰恰是室内设计的主要内容。

虚空间是建筑师要考虑的重要内容之一，也是室内设计师应该考虑的重要内容，我们都生活在由实体空间所围合或半围合的虚空间之中。室内设计中对于空间的知觉，其实指的就是虚空间的知觉。设计空间的实体，其实就是为了塑造虚空间，以及通过实空间实现使用功能。例如，在一面墙上开一个门洞，就是为了实现基本的使用功能，同时也是为了连接两个虚空间。没有了两个虚空间的连通，这个门洞开的就没有丝毫的使用意义。然而，仅仅是为了实现连通两个虚空间的目的，气窗也可以做到，却又无法起到门的作用。所以，在设计的过程中既要考虑到空间要素，也要考虑到使用功能。然而在很多的设计中，设计师们往往不能顾及使用者对于虚空间的感知，仅从使用功能及美观的角度去考虑。其实，虚空间也是存在形状的，也是存在美感的。这种美感比起形式美感更加的经久不衰，也是让用户身处其中、心情愉悦的关键因素之一。一个充满了美感的虚空间，可以为装饰形式和色彩体验加分。

虚空间知觉也是存在尺度感的，很明显虚空间是无法被感觉的，只能被知觉体验到，这和实体空间有着明显的不同。同时，并不是每一个人都能轻松的产生对虚空间的知觉，而实体空间则不然。但是在室内设计过程中，认真的设计虚空间是非常必要的。通过对虚空间的感知的分析研究，可以将虚空间分为两种。

（1） 容易被感知的虚空间

容易被感知的虚空间往往都是比较大的虚空间，且往往涉及使用功能和布局。例如住宅的户型，户型的格局其实指的就是其中的虚空间部分。如何来分配、使用建筑内的虚空间部分就是研究户型格局的关键所在。

（2） 不容易被感知的虚空间

虚空间和实体空间一样具有大小的区别，也分为局部的和整体的。虚空间是一种概念，是我们对于空间形式的一种理解。在不了解这种空间分类的理论的情况下，虚空间是非常难以被感知到的，就像空气。除非借助一些明显的参照，例如功能和布局就是感知虚空间的重要参照之一。

5.2.8 室内设计中的心理通感

人的情感中枢是一个奇妙的系统，情绪情感反应非常大程度上取决于下丘脑、边缘系统和脑干网状结构的功能。下丘脑与情绪和动机有密切关系，下丘脑是情绪和动机产生的重要脑结构，奥尔兹（Olds）等人发现下丘脑等部位存在着“快乐中枢”和“痛苦中枢”，刺激这些部位，动物会产生愉快或不愉快的情绪体验。脑干网状结构对情绪的激活也有重要的影响，网状结构的功能在于唤醒，它是情绪产生的必要条件，是情绪表现下行系统中的中转站。

内心世界与外部世界交流的主要手段是通过感知觉实现的，各种物理现象反映到人脑中就不再是单纯的信号代码了，它们被赋予了很多的感情色彩，这也是人脑与电脑的重要区别之一。人类可以把各种信息综合起来处理，也正是这样使得我们处理问题带有很多的感情色彩。通感指的就是人的感知觉会相互作用、影响的情况。室内设计的过程就是一个对室内空间进行有意识改造的过程。单纯的装饰只是达到目的的手法而已，目的是强化那些好的因素，有意识地削弱那些不利因素，最终达到宜居的目的。周围不利的因素有很多种类，如建筑的层高过高或者过矮，周围的光环境过强或者过弱，周围的声环境过吵或者过于安静，等等。除了这些美化过程会用到通感外，也有很多情况会用到通感。例如，如何缓解医院的紧张气氛，如何解决办公室烦躁、教室枯燥的气氛等。

（1）物理性的改变声环境

物理性的改变室内以及周边的声环境，在室内设计中是主要的，也是常用的手法。相较心理性的改变而言，物理性的改变是主要手段、基础，而心理性的是辅助性的手段。因此，物理性的手段需要得到足够的重视，且是心理性调节的前提条件。

① 声源的控制。要尽可能地封闭有嘈杂声源的方向的采光口，因为墙壁就比窗户的隔声效果要好，能降低声音的穿透率。在室内的空心隔断中加入吸音棉等隔声材料，可以有效地阻断外界的声源。

② 吸声材料的使用。在墙面装饰材料上尽可能地选用具有吸声效果的材料，木质吸音板、打孔铝板、吸声棉、软包、粗颗粒的墙面喷涂等，这些材料可以有效地弱化已经进入室内空间的声波。

③ 装饰手法的处理。装饰手法也要尽可能多一些凹凸起伏，这些凹凸起伏可以有效地折射声波，顶部的装饰也要采用吸声类的装饰结构。

（2）心理性的改变声环境

心理性的改变声环境的主要方法也就是我们所说的通感，通过视觉感官来影响听觉感官及心理状态，从而达到调节人们心理的目的。视觉感觉的几个重要的因素中，色彩、质感、装饰形式、光环境、空间大小等，都会通过通感对听觉及人们的心理产生细微的影响。这种影响虽然微弱，但实实在在地正在影响我们的生活。

① 色彩的选取。室内空间中装饰所采用的颜色是通过通感作用于其他感官的几个最重要的因素之一。在下面的章节，我们会对色彩、光环境等做出细致的分析，此处仅仅就通感方面做出论述。由于颜色会影响人的感官、情绪等，所以会通过这些影响，作用于其他的感官。

② 质感与装饰形式的选取。对于同一个空间内的物品以及装饰形式等，人们的感知觉有一个限度，无论是装饰的颜色种类、质感、装饰形式、装饰物还是其他物品。它们一旦超过了这个限度，就会给处在这个空间中的人们带来心理不适，甚者是心情烦躁等状况。然而这个限度是因人们的生活经历、个人习惯、个人喜好等的差异而不同，并且它们的差异还很大。

③ 光环境的选择。光环境同样在视觉感知觉中有着十分重要的作用，光是人类能够清晰视物的基础，不客气地说，光也是我们认识事物的重要的前提条件。不同的光环境下，人们对于事物的认识也会产生变化。这种变化不仅仅作用于事物所反映的视觉信号方面，同样作用于人的心理，使人产生相应的情绪变化。

5.2.9 光环境的心理感觉

对于光的感知觉，眼睛起了很大的作用。很多的感知觉都源自光的感应，很多的环境氛围都需要光来烘托，很多材质的质感都要靠光来表现。可以说光无处不在。对于室内设计来说，成功地控制光源，已经成功了一半。对于材质来说，可以说没有了光就没有了材质，材质的纹理、光滑度都无从谈起。对于颜色来说，没有光即没有了颜色。心理学的心情变化也和光环境有着非常大的关系。同样的地点，不同的天气，不同光环境带来的心理变化是不同的。

（1）光源对于室内感知觉的影响

① 自然光有缓解疲劳、稳定情绪、调节心情的作用，属于中性光。随着季节的不同，时间的不同，会呈现出不同的颜色、不同的色温、不同的角度、不同的亮度等。这些变化能够人为控制的程度很小，自然光才是最佳的光源，电光源的运用使室内设计进入了一个全新的时代，它使室内设计的光源变得稳定。

② 冷光源可以有效地稳定人们的情绪，活跃理性思维，降低人的心理温度，所以冷光源是办公空间不二的选择。

③ 暖光源会使人感到心理温度上升，使人情绪高亢，但易疲劳和易激动。暖光源有柔和的视觉感觉，能起到加大色差和距离感的作用，所以想要渲染氛围和强调感性的室内环境适宜采用暖光源照明。

④ 混合光源较之单纯的冷光源或暖光源更为丰富多彩且能用多变的手段更好地处理空间关系，使其更多些抑扬顿挫，也避免了单一种类的光源带来的弊端。

（2）照明方式对于室内感知觉的影响

① 直接照明：90%的光线直接投射到被照射物体上，特点是亮度高度集中。在室内设计中直接照明适合在大面积的地方和需要视线清晰的地方。

② 间接照明：也可称之为反射照明，光线先投射到界面然后再反射到被照射物体上。特点是光线柔和，没有较强的阴影，适合安静雅致的空间。间接照明的优点是柔和、温馨，且有安全感。但缺点是反射光线的效率低，能耗大。

③ 漫射照明：光线从光源的上下左右均匀地投射，主要用不同的半透明的材料做灯泡或灯罩来遮挡光线，使其产生漫射的效果。特点是光线稳定、柔和，适用于多种场所。它的效果最接近正常的天空光漫射。所以给人的心理影响几乎可以忽略。

④ 混合照明：综合各种灯具及配光的照明。

（3）光源的投射位置对于室内感知觉的影响

① 顶部照明：在围合或半围合的空间中，处于顶部的照明就称为顶部照明，其覆盖范围广、光斑小。因其投射的光线在空间内被多次的反射，所以阴影柔和。适用范围广，但是这种照明分割空间的作用不明显，同时不利于空间感的延展。

② 侧向照明：这种照明分为很多种，室内空间中主要是壁灯和装饰间接照明。往往照明范围有限且会形成较明显的光斑，形成的阴影比较重。能够起到渲染气氛、划分虚空间的作用。给人温柔、安详、浪漫的感觉，有助于提高食欲和促进入眠。但在大型空间内，过多地使用侧向照明且主光源不明的情况下，会产生诡异的感觉，让人不舒服。

③ 由下而上的照明：本身的照明作用不多，装饰的意味却很浓。这种光源往往用在特殊的环境中，如剧院、游乐场、浪漫的餐厅等。它有强烈的区域分割功能，可以使照明范围外的东西几乎不可见。完全不同于一般的照明角度，给我们全新的审视事物的角度，因为自然光几乎不可能产生自下而上的角度。如果自下而上的光柱，被上面的半透明光罩直接将光线重新散开，将是非常诗情画意的。

（4）阴影对于室内感知觉的影响

提到光环境不得不提到阴影。阴影是光照投射到物体上之后所形成的光照不到的地方。阴影自古都不是一个非常积极的词汇，如果阴影过大的话，会给人带来恐慌、不安等多种心理暗示。室内空间中由人工光源形成的阴影，其发光源往往很集中，所以，形成的阴影较为浓黑。如果光源位置较低，那么阴影往往会很大，且投射会很高。尤其是在光源较为单一的室内空间中，随着人的移动，会形成到处乱走的影子，让人觉得不舒服。儿童往往会对目视不清的角落有莫名的恐惧感，消除这些不必要的恐惧感也是室内设计师的工作之一。

如果阴影处理不好会成为室内空间中破坏氛围的因素。但是如果处理得好，它会成为美的一部分。很多艺术品的制作过程往往都要考虑阴影的作用，尤其是三维的作品。例如雕塑、建筑工艺品等。

5.2.10 室内环境空间的心理影响

设计师感叹设计工作中最头疼的不是具体绘图设计正稿的精细劳作，而是与用户的沟通以及对用户爱好、生活习性、心理需求等各方面的揣摩、把握。设计师尽管存在文化、年龄、经济视野、人生阅历及生活方式等的差异，而可能无法精准把握用户各自的千变万化的“审美品味”，但合格的设计师通过与用户的多沟通交流，多一些的实地考察，凭借相关专业心理学成果的理论指导，还是能够较好地了解用户到底需要怎样的住宅室内空间环境。研究行为心理因素与室内环境关系的相互渗透、相互影响将有利于住宅室内设计工作的顺利进行。

人体工程学广泛运用在空间技术、工业生产、建筑及室内设计等行业，后工业社会及信息社会时代，人体工程学更强调“以人为本”，研究人们衣、食、住、行及生活、生产活动中的综合联系。人、物、环境不仅仅是密切地联系在一起的生态系统，也是密切地联系在一起的心理活动空间系统，因而能否很好地运用人体工程学去主动地、高效率地规划人的生活环境，在室内设计中就显得尤为重要，关乎设计的成败与否。

（1）室内空间的心理影响因素

人与所处的环境空间及其内容物，不仅仅是密切地联系在一起的生态系统，而且还是密切地联系在一起的心理活动空间系统。环境空间及其内容物会对人的心理产生影响，而人的心理感受也会施加于环境空间及其内容物，使其具有不同的情感意义。

① 空间心理与心理空间。空间一般由其平面形状决定。比如说，平面规整的正方、正六边或正多边形状及圆形因其形体明确肯定而有一种向心感或放射感，心理感受为安稳或无方向性，具有严肃、隆重等心理语义。又如，半圆平面的空间有围合感，空间序列中它给人以“结束”的心理暗示。而三角形平面空间常会造成透视错觉。还有不规整形状空间如任意的曲面、螺旋形或比较复杂的矩形组合空间，其空间心理有自然、活泼、轻松、无拘无束等感觉。

② 空间心理及尺度。人的心理需求的普遍规律是需要安全性、私密性的保护，这包括在相应空间范围内对视线、声音等方面的隔绝要求，人们希望其活动不被外界干扰或妨碍。因而人际往来、交流、接触时，

根据不同场合和接触对象，存在着一定的物理和心理层面的各有差异的空间距离。心理学家赫尔以动物的环境和行为的研究经验为基础，早就提出过人际距离的概念，他根据人际关系的密切程度和行为特征确定人际距离的心理可以承受的具体尺度——密切距离、人体距离、社会距离和公众距离。

③ 空间心理的"尽端趋向"与"依托"现象。心理的私密性需求表现在尽端趋向性特点，尤其在围合或半开放性空间中。例如，宿舍挑选床位者总愿意挑选在房间尽端的床铺，因为这样相对较少受到干扰而利于生活和就寝。餐厅中人们最不愿意选择的就是靠近出入口处以及人流频繁来往处的餐桌座位，所以餐厅设计者往往设置靠墙的卡座，在室内空间中形成更多的"尽端"，来满足顾客就餐时"尽端趋向"的心理要求，保证和拓展餐厅的实际就餐面积，可见室内设计实践中掌握一定的心理学工程学的重要性。"尽端趋向"表明人们在较流通的空间中更愿意寻求依靠的心理，因此，人们处在较大一些的室内外空间中时，往往会显得手足无措而更愿意寻求可依托物体以慰藉心理上的不安定感。观察车站候车厅或站台上候车的人流就会发现，最方便上车的地方人群反而相对较为散落，人们反而较多地愿意待在有柱子的周边或有座椅的附近，适当地与人流通道保持相当的距离，因此有了依托感而在心理上觉得更可靠、安全。

④ 空间心理的从众与趋光性。许多生物都有趋光性。人类也一样，具有从暗处往较明亮处流动的趋向，因为心理与实际经验暗示人们明亮处意味着出口，意味着获救或安全。在公共场所的非常事故中可以观察到突发情况下人们往往会有盲目从众的心理，此时人们往往不会冷静观察情况，无心注视标志及文字内容甚至对此缺乏信赖，而是盲目跟从人群中领头的几个急速跑动的人并不判断其去向是否是安全疏散口，安全灯光指示标志正是因趋光性原理而设计。

（2）室内空间尺度的合理把握

合理把握环境艺术空间设计的尺度感，包括人体工程学意义上的合目的性及环境设计的空间心理学意义上的心理空间尺度。即空间设计的尺度感应该符合人的行为模式和心理特征。例如：大型超市的空间尺度，就应该考虑到顾客购物要求尽可能接近商品，亲手挑选的行为需要。室内空间设计师要善于从单纯使用功能、人体尺度等初始设计依据中去组织物理的和心理的空间，以确定其尺度和形状、光照和色调等更为人性的内容。设计师应该能够充分理解和尊重使用者的行为、个性，但也应把握和运用设计环境对人的行为的引导，甚至一定意义上的制约作用，辩证地掌握合理的分寸。空间的分隔和组合更重要的是要考虑人们的操作需要和心理需要。比如残疾人由于生理缺陷导致肢体功能障碍和自卑心理。

室内空间中就要充分考虑是否应该提高显示和控制方面的合理性、方便性，或增大显示屏和标签上的字体，或用高对比度和宽视角的显示器，或设计使用时较容易把握住的控制器等。在室内空间信息中提供多样化的感官信息媒介和样式，尽量简化操作步骤，降低操作难度，使空间设计尺度能够满足多层次的操作需要和心理需要。方便、可靠、安全、美观、减少疲劳感、消除心理压抑感、展示用户个性化的生活品位和修养，这一切都是成功的室内空间设计所必不可少的考虑要素。

5.2.11 室内设计中的人性关怀

自从人类出现以来，就以不同形式追求着自身的舒适和安全，从而创造了现代的人类文明。但是，不管科学技术和人类文明如何发展，室内环境始终是与人类密切相关的主题。随着我国人民生活水平不断提高，对居室环境的舒适性提出了更高的要求。因而，要设计出舒适安全的居室环境必须充分研究和了解人的生理和心理特性。

（1）环境、行为、设计的相互作用

空间环境与人的行为是相互作用的。一方面，我们可以去适应环境，使人的行为服从环境；另一方面，我们会控制和选择环境。行为环境的研究有助于我们认识人与环境之间的这种相互作用的关系。人为了满足需求、达到目的而最终采取具体行动，正如约翰•波特曼所说："如果我能把感官上的因素融会到设计中去，我将具备那种左右人们如何对环境产生反应的天赋感应力，这样，我就能创造出一种为人们所能直接感受到的和谐环境。"这个和谐环境就是我们所祈盼的完美空间。心理与行为的变迁与环境有着密不可分的关系。许多人都在考虑如何通过对物质环境的设计，诱导或改变人们的某些行为，从而使整个环境在一种运动变化中被正确地感知。歌德曾提到："一个俏皮的法国人自称，由于夫人把她室内的家具颜色从蓝色改变成了深红色，他对夫人谈话的声调也改变了。"由此可见，人们总是以他们获得的环境信息来对环境做出反应，总是按个人对环境线索的领会来采取行动，即形成了这样的关系：物质环境—人—心理环境—采取行动。

（2）建立“以人为本”的设计观

人们对环境理解、分析之后所采取的行为，取决于他个人的文化积淀和社会文化环境所提供的线索。设计出的环境就是要充分运用环境的“线索”功能来提醒人的行为、适应人的使用。环境设计的最终目的就是将人们的行为朝向引导，从而达到较为完善的动态平衡，室内设计之首要目的，即在于使用者的定位，以确定的空间使我们脱离虚无的不确定感。

室内设计是一个极其人性化的概念。使用者的定位亦即使用者的需求是决定我们的设计是否成功的关键，也就是通常所说的“以人为本”的真实含义。设计者的任务就是从“以人为本”的原则出发，按照转化规律去进行创作，积极促进这个转化向更理想的境界发展。“以人为本”的设计观，就是在设计过程中始终以使用者的意念需求作为出发点，室内设计者应该处处从使用者的角度，研究其住宅中的居住生活行为规律，并将之融入自己的构思和设计中以形成理想方案。

5.3 设计心理学在儿童饮料、食品包装设计中的应用

设计心理学是建立在心理的基础上，是人们的心理状态。随着时代的变迁，人们生活水平的不断提高，人们对食品包装以及食品安全越来越重视，设计心理学在食品包装中起到的作用也越来越大，其中儿童类的食品包装更加受消费者的关注。

5.3.1 设计心理学中影响儿童饮料包装设计的因素

（1）视觉感知

视觉是通过视觉系统的外周感觉器官接受外界环境中一定波长范围内的电磁波刺激，经中枢有关部分进行编码加工和分析后获得的主观感觉。在儿童饮料的包装设计中，不仅需要满足包装的结构和材料的合理性，还需要把企业形象以及好的审美形态表现出来，在视觉上让消费者在购买的时候有消费的动机，消费之后有好的评价。设计心理影响设计师对产品的包装，清新简单的颜色会让儿童感觉舒适，包装图案采用实物的照片，一目了然，也会让消费者和使用者在视觉上产生一定的购买欲。

（2）触觉感知

儿童各种感官都不如成人敏感，他们对包装大部分依赖的是视觉感知和触觉感知。在人体的感觉器官中，触觉是人们很少探索和研究的科目，然而，在设计心理学中，触觉对于儿童包装却是十分重要的。有的儿童的果味牛奶饮料包装，没有采用市面上常见的纸质盒包装，而是用塑料软包装，触觉上流动感较强。有的国外的儿童玩具饮料瓶，部分饮料包装材料采用塑料，并且使用三角支架的外观结构，是考虑到儿童的手掌一般较小，拿住饮料瓶时比较方便饮用，也不易掉落。

5.3.2 设计心理学在儿童饮料包装中的体现

设计心理学在儿童饮料包装中的体现主要在以下三个方面。

（1）色彩在儿童饮料包装中的运用

在儿童的饮料包装中，色彩一般从食物本身提取，并且进行夸张处理，整体的色彩感觉醒目、亮丽，这样能够很好地吸引儿童的视线，适应儿童的视觉心理需求。同时产品包装在色彩的搭配上主要是以对比强烈的三原色、对比色为主，增加儿童对食品色彩的记忆力。

（2）图形在儿童饮料包装中的运用

儿童食品的包装元素大多以卡通形象为主，符合儿童的心理。其中儿童饮料的包装比较突出的品牌是旺仔牛奶，大红色的色调夺人眼球，主图形是一个可爱孩子的开心笑脸，十分具有亲和力。

（3）情趣化在儿童饮料包装中的运用

因为儿童这一群体的特殊性，情趣趣味化的包装在儿童食品的包装中应用得最为广泛，这也是设计心理学在食品包装设计中的新体现，儿童食品的包装设计受到越来越多的设计师的青睐。成人对事物和物体有着更为客观的认知，看待事件也更加有经验，但原本儿童的心理和认知就和成人有所不同，儿童的思维相比成年人来说处于比较幼稚的阶段，对包装的颜色、大小、形状等都有不同的感受，和成人比存在显著的差异，所以儿童食品包装的情趣化设计更应受到重视，如图 5.10 所示。

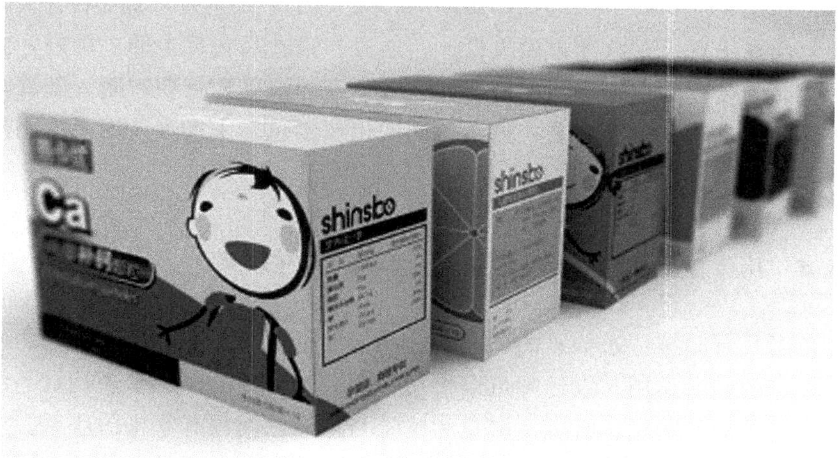

图5.10　儿童食品的包装

5.3.3　儿童饮料包装在未来的发展趋势

（1）绿色安全化

包装的安全问题一直是消费者们主要关心的问题，最近几年儿童食品包装问题的发生也较为频繁，饮料是孩子们喜欢的食品，因此也应该受到重视。在设计儿童的饮料包装时，可以选择绿色环保的材料，不污染环境，也不会影响儿童健康。一个安全的包装也应该体现在细节处，如包装的封口不能过于锋利，以免割伤儿童的手和嘴等。

（2）人性便携化

现在市面上的儿童饮料大多是小瓶的且容易倾倒，在儿童出门游玩学习时携带饮料也易丢失，除了让包装绿色安全化，便携也是另一个发展趋势。儿童卡通便携饮料除了外观是卡通的形象，还利用卡通人物的脚和手让瓶身倒立便于携带。还有现在出现的儿童饮料包装很多都带有肩带，便于孩子们出行的时候携带。

（3）智能化

随着社会的发展，传统的包装在未来可能不能满足人们的需求，智能化包装的出现将为人们解决一系列的问题，在儿童的饮料包装中更加能够广泛运用。如儿童的新鲜牛奶是有保质期的，大人们放在冰箱久了之后就会忘记日期，现在出现了一款冰箱磁吸设计，通过扫描食品包装上的二维码，它能显示食品的名称、产地、生产日期、适宜保存的温度和到期时间，随着时间的进展，通过智能化的包装，显示不同的包装颜色，来提醒饮用者牛奶的新鲜度。

5.3.4 儿童食品包装设计与色彩心理学的内在联系

色彩具有间接传递信息的功能。食品包装上的色彩会对人的生理、心理产生一定的刺激作用。设计师可以根据一些表现食物的颜色来表达食品的特性。因为人们的味觉、听觉、触觉和嗅觉与色彩之间具有紧密的联系。

（1）儿童食品包装设计中色彩体现味觉感

生理需求应该是儿童食品色彩设计中最重要的因素。设计师利用颜色将味觉体现出来，也就是味觉体验要通过色彩传递出来，这是儿童食品色彩设计的关键。色彩不同可以代表不同的口味感觉，比如：黄、白、桃红色代表甜；绿色代表酸；黑、灰色代表苦；白、蓝、青色代表咸。比如日本迪士尼棒棒糖，应用了同类色的设计，并且一种口味用一种色系代表，如粉红色系让人联想到草莓口味、黑色系让人联想到碳酸口味、蓝紫色系让人联想到葡萄味道，黄色系让人联想到橙子口味、大红色系让人联想到可乐口味。从这个成功的设计中可以得出的结论是，色彩确实可以让儿童间接感受到某种味道，它可以准确传递出该食品的特点，表现食品的味觉信息，从而促进消费。

（2）儿童食品包装设计中色彩体现触觉感

儿童看到白色、淡黄色让人联想到柔软香甜的生日蛋糕；绸缎般轻柔的奶油；看到棕色、褐色让儿童想到坚硬的坚果、脆甜的巧克力。明暗程度的不同会让色彩呈现出软硬感，比如，孩子在1岁前，给他一个深褐色的核桃，这个年龄的孩子抓到什么都喜欢去咬，因为他们是通过咬来探知这个世界和周边的事物，当他咬不动而且给他带来了疼痛感，以后再给他相同颜色的食物他就不敢吃了，因为他会把颜色和这种不好的感觉结合起来，形成他对生活的体验。明度和饱和度是影响色彩软硬感最主要的因素。明度越高，色彩间接反映出越软，明度越低，色彩间接反映出越硬，我们可以将高明低饱的颜色来设计口感柔滑的食品包装，而低明高饱的颜色来设计口感脆硬的食品包装。儿童食品包装设计师也应该重视色彩，给儿童带来不同软硬感的心理感受。

（3）儿童食品包装设计中色彩体现嗅觉感

在人们生活中能闻到不同的味道，比如，苦香浓厚的咖啡、清香的花草树木、香甜可口的果香。人们会对食物的味道作为一个颜色的分类。因此，色彩可以带来嗅觉的体验是很自然的。例如，蓝绿色、浅绿色会让人联想到清新的薄荷味；深棕色、褐色会让人联想味道浓厚的咖啡味；粉红色、橘红色让人能联想到香甜的气味。有研究表明，嗅觉给人们带来的印象在记忆中保存的时间最长久。我们在成人后还时常想起小时候的味道，包括那种味道当时的颜色。食品类包装的色彩设计在嗅觉与味觉体验设计上，要符合儿童和大众的心理联想。

（4）儿童食品包装设计中色彩体现听觉感

用耳朵感受声音这叫作听觉，听觉也可以给人类带来不同的心理感受，从而联想到不同的颜色。古代“五彩”与音乐中的“五音”是紧密联系的。色彩与音乐具有难以割舍的共同点。色彩中的韵律感、节奏感、高调、低调都和音乐的专业名词是相同。色彩虽然不可以发出声音，但是人们的心理联想，赋予了听觉色彩效应。轻音乐可以表现色调明快的颜色。低沉的音乐可以表现色调晦涩的颜色。比如，黄色表现高音、橙色表现中音、红色表现低音，这是色彩间接让人们主观地联想到不同的音乐感受。色相、明度和饱和度可以用来表现不同的声调。人们能从色彩中感受音乐，也能从音乐中感受到色彩。现如今儿童食品包装有了本时代性的新要求，在大工业生产的环境下，食品包装注重包装色彩的创新性和实用性，在人们情感和心理的需求下，设计师更为注重的是儿童食品包装设计的色彩心理的应用。在合理把握包装色彩理论和经验的基础上，采用一些实施性强的方法，将色彩心理与儿童食品包装设计相结合，合理有效地提升儿童食品的营销效果，更能激起儿童的购买欲望和食欲，从而提高产品的销售量。色彩心理在儿童食品包装设计中具有非常重要的主导作用，设计师们应该深入探究色彩心理，研究符合时代需求的儿童食品包装设计的规律，并且使其在儿童食品包装设计中发挥应有的作用，这样才能使中国的儿童食品包装行业具有竞争力，才能走向世界。

5.3.5 趣味性设计在儿童食品包装设计中的应用

在儿童食品包装设计中加入趣味性的设计受到儿童的青睐，满足了他们的幽默、独特的追求。所谓“趣味性包装设计”就是包装设计有新奇的构思、独特的创意、诙谐的趣味性元素。其新颖性、幽默性、独特性给人带来了审美体验和精神享受。

“趣味”是“单调”的反义词，本意是使人愉快、感到有趣、有吸引力。就包装而言，具有趣味性的包装能让人感到快乐、好奇、轻松，能激发起我们心中潜在的童真，改变我们的生活质量。还可以表现出产品的情感，或鲜活自由，或天真幽默，或活泼开放。这些都使我们的生活充满温情，色彩斑斓。

（1）趣味存在于儿童食品包装的意义

儿童这一群体非常单纯，他们是最富有感性消费观的群体，好奇心比成人强很多，他们对于美观的认知即第一眼产生浓烈兴趣的东西。而儿童食品是专门以儿童为消费对象制作的，趣味性包装设计迎合了儿童特有的审美观，所以市面上的儿童食品包装都是五彩斑斓、引人注目的。但是不同的儿童消费者，由于生长环境、教育环境等方面的差异，对趣味性的认知和感受是不一样的。儿童的心理活动是非常跳跃的，他们往往凭感觉与印象来选择商品，食品包装的外观直接影响其购买行为。

（2）趣味性设计在儿童食品包装上的运用

趣味性设计在儿童食品包装设计上是科学的创作方法，趣味性设计可以给儿童带来愉悦感，激发他们的好奇心、想象力，并且让他们参与到整个过程中，是一个被设计师预先设计过的享受过程。

① 产品包装装潢设计。

a. 色彩。在儿童食品包装设计中，设计师们抓住儿童的心理特点，在色彩的选择上会采用比较鲜艳的颜色，避免使用沉重的颜色。正确的色彩选择加上巧妙的色彩搭配会带来不一样的视觉体验，增加包装的趣味性。

b. 文字。在儿童食品包装设计中，儿童识字的能力很弱，他们在选择的时候往往考虑的是包装的颜色和图案，在字体设计上可以利用儿童的心理特点把字体符号化，把字体抽象为生动有趣的符号。儿童对具有独特个性和强烈视觉效果的图形更易产生深刻的印象，同时具有节奏感和韵律的字体更能反映出小孩子活泼可爱的天性。

c. 图形。儿童食品包装中，热播动画片的卡通形象，带有故事情节的抽象形象等都是他们爱不释手的选择。例如《喜羊羊与灰太狼》中，其主人公的形象常常成为吸引儿童消费者的视觉元素，他们对于天天看到的动画片主角会产生亲切感和愉悦感，这个形象活灵活现地出现在生活中，会让他们产生前所未有的喜悦感。

② 产品包装材料。在儿童食品包装中，要选择对儿童危害较小的材料，例如纸质材料、天然材料等。在儿童零食食品包装中，往往会采用环保纸质材料，包装上会印上益智游戏，在零食食用完后，儿童可以将包装留下来制作成玩具，这样不但实现包装的趣味性，也实现了包装的二次利用。

③ 产品包装结构设计。在儿童食品包装上采用奇异的造型打破原有单一的包装模式，增加其趣味性。例如形态仿生设计，其模仿了大自然中可爱的动物植物等，借助这些可爱生动的形象来拉近产品与儿童消费者的距离，贴近生活的趣味性形象更容易被儿童所接受和喜爱。

④ Oho 儿童休闲零食包装设计

Oho 儿童休闲零食小吃甜玉米趣味食品包装，如图 5.11 所示。根据其

图 5.11　Oho 儿童休闲零食包装（一）

3种口味分别对应火烈鸟、熊和猫头鹰三个动物形象，把这三种动物形象进行扁平化设计，运用生动的线条符号进行装饰，使其更加有生命力，更具个性化。色彩的搭配上用了纯净的浅色调，就像小孩子天真烂漫的心，是干净和透明的。另外小朋友可以在享受完食物带来的满足感之后，以自己动手剪下卡通动物图案，拼贴出自己的作品，如图5.12所示。

图5.12　Oho儿童休闲零食包装（二）

⑤ Monster Candy包装设计

Monster Candy糖果包装设计，图形上以令人害怕、惊恐，恐怖的怪兽为原型；另外包装颜色与糖果的颜色相呼应，其中红色口腔和绿色皮肤的搭配为其添色不少，如图5.13所示。开启包装时，包装张开血红的大嘴像是像你扑面而来，趣味性的过程设计增加了儿童与包装之间的互动性，使得他们在获取糖果的过程中获得了惊喜感。

5.3.6　儿童食品包装设计中的实用性应用

（1）实用性的意义

现今社会的速食观念越来越强烈，一次性餐盒、一次性包装袋、一次性塑料充斥着市场。许多食品的包装盒都是吃完即扔，浪费资源又不实用。儿童正处于学习和认知阶段，给他们灌输循环利用和环保意识是非常

图 5.13　Monster Candy 包装设计

重要的。一件商品买回来，除了它本身的价值之外，它的外包装也应该充分被利用起来，这样既环保，又将顾客的利益最大化。比如糖果包装容器，如采用环保型的材质做成，这样糖果吃完之后还可以将容器保留起来，作为储物之用。

（2）儿童食品包装设计的各种实用性表现形式

儿童有一种效仿心理，大多会喜欢卡通人物做成的食品包装。设计师们往往就利用儿童的这种心理，用当红动漫人物造型元素来吸引孩子们购买，促进产品的销售。此外，还有商家用“收集”这种形式来吸引儿童，在包装上印一些图腾，并说明每一个商品包装上的图腾都不一样，收集满就可以获得奖品。这种包装非常富有趣味，系列性很强。无形中就激发了他们的好奇心。

（3）实用性在儿童食品包装设计中的体现

① 图形的表现形式。“图形”在英文中为“graphic”，是一种超越文字的传播媒介，同时也是容易被记忆和识别的信息载体，而且不受国度、民族间语言不通的影响，是比文字传播更快捷有效、更直接的一种传播媒介。图形创意最大的特点就是一反常态，有意识地将一些循规蹈矩的图形改变为有矛盾点、冲突点的物象，给人强大的视觉冲击力，从而吸引人们，让他们记住，这样就能更好地传达信息。

② 图形的变换与结合。在儿童食品包装设计中，图形是包装视觉传达中最受关注的中心。图形传达信息的直观性非常强烈，且不受国界的限制，

当包装设计中没有消费者能够读懂的文字时，他们会在图形上寻找自己能够得到的信息。儿童具有无限的想象力，他们对于色彩鲜艳、造型别致的事物都很喜欢，好的图形设计，不仅能给消费者准确的感官感受，还能准确地将食品的信息告诉消费者。

③ 儿童食品包装回收利用。现在市面上的饼干包装大都是用塑料薄膜纸制成的，撕开即可享用，但是饼干吃完后呢，薄膜袋就发挥完它的作用了，而纸质的抽拉式饼干盒，要吃时将内盒抽出，如果一次吃不完，没关系，推回去盖上，既能防止饼干漏风变软，又方便随身携带。用玻璃制成的糖果罐，用来盛放软糖，吃完后罐子可以被用来盛放任何想要盛放的东西，可以作为厨房的配料罐，也可以作为果脯罐，还可再次做糖果罐。

5.4 设计心理学在影视动画中的应用

动画所包含的深层次的魅力，离不开设计心理学的支持。设计心理学是以科学的方法揭示艺术设计活动中的心理现象及其发展变化规律的科学。一部成功的动画片不仅能吸引更多的消费者，使利益最大化，还能在一个阶段内倡导某种生活方式，带给受众多层次、多方面的影响。换言之，一部动画片是否能取得观众的喜爱，至关重要的一点便是这部动画片能否抓住观众的心理。

5.4.1 影视动画画面构图与设计心理学

影视动画画面构图的特点：

（1）画面比例的固定性

影视动画的构图有它自身的特点。画幅比例的有限性使创作者在绘制过程中必须在固定的画幅中表现画面内容，从而向观众传达出动画影片所要表达的思想情感。

（2）画面元素的连续性

在影视动画中，画面内的每个元素都是不停运动和变化的，它们之间具有鲜明的承前启后的关系。因此，把画面中各类型构图元素之间的关系进行合理的调配是相当重要的。

（3）画面形象的时限性

影视动画中每个画面都有它固定的时间长度，这一特点就使得画面形象具有时限性。动画设计师在制作一部动画片时要确定主要事件的主要情节和不可忽视的细节，通过相对集中的画面来传递给观众信息以及所要表述的情感，从而给观众留下更加深刻的印象。

5.4.2 影视动画画面构图中的设计心理学

（1）平衡心理

不同的画面构图会给观众带来不同的心理感受。从设计心理学的角度出发，人们在观看动画片时往往追求一种画面的平衡感。在一幅画面中，左面有一个人物，那么右面也应有一个人物与之形成一种画面的对称感，即画面平衡。例如在动画电影《铁臂阿童木》中，动画设计师通过运用平衡的构图方式满足了观众的这种心理，这成为影片获得好评的一个关键因素。

（2）对比心理

对比构图方式的运用能够更好地起到强调和突出被表现元素的作用，例如在一部动画片中将有明显差别的、对立的双方合理地组织在一个画面中，形成一种对比关系，能够使观众在观影时产生一种对比的心理感受，从而增强动画内容的艺术效果和艺术感染力。

（3）呼应心理

呼应心理是使画面中各个元素之间能够很好地相互联系与配合，从而带给观众一种画面内容相互呼应、和谐统一的心理感受。动画设计师在设计制作时运用光线、影调、色调等元素的变化，将画面内的各个元素之间制造出一种呼应关系，从而把这些元素有机地结合，使画面的整体布局达到均衡、统一的效果。

（4）节奏心理

在影视动画画面构图中，节奏感是符合视觉规律周期性变化的运动形式，是体现画面神韵的重要方式。其通过光影、线条、色块形体等元素有规律地运动，吸引观众的注意力。让观众集中注意力跟随着它们产生有节奏的视觉运动，引发心理、情感方面的活动。通过这种节奏感带给观众视觉与心理的满足。

5.4.3 影视动画色彩与设计心理学

（1）影视动画色彩的特点

动画是一门有着极强感染力和视觉冲击力的艺术。动画中的色彩是画面视觉元素中重要的一部分，色彩的合理运用不仅可以起到渲染画面意境的作用，丰富的色彩还可以给人们带来心理和精神的满足，引起观众的共鸣。

（2）动画色彩中的设计心理学

人们常常通过自己的一些经验和联想去认识色彩。在动画中，不同的颜色搭配能够让观众产生不同的感受，例如橙色给人以亲切、甜美的感觉，因此，当人们看到橙色时，就会产生一种温暖的感觉；而红色则给人以热情、奔放的感觉，可以应用于节奏较快的动画片段，使观众感受到这种快节奏。

5.4.4 虚拟现实与心理学

（1）什么是虚拟现实

概括地说，虚拟现实是人们通过计算机对复杂数据进行可视化操作与交互的一种全新方式。与传统的人机界面以及流行的视窗操作相比，虚拟现实在技术思想上有了质的飞跃。虚拟现实中的“现实”是泛指在物理意义上或功能意义上存在于世界上的任何事物或环境。它可以是实际上能实现的，也可以是实际上难以实现的或根本无法实现的“虚拟”是用计算机生成的意思，虚拟现实就是用计算机生成的一种特殊环境。人们可以采用各种特殊装置将自己“投射”到这个环境中，并通过操作、控制环境实现特殊的目的，即人是这种环境的主宰。

从本质上来说，虚拟现实是一种先进的计算机用户接口，通过为用户同时提供诸如视觉、听觉、触觉等各种直观而又自然的实时感知交互手段，最大限度地方便用户的操作。根据虚拟现实技术所应用的对象不同，其作用可表现为不同的形式。例如将某种概念设计或构思成可视化和可操作化，实现逼真的遥控现场效果，达到在任意复杂环境下的廉价模拟训练目的。该技术的主要特征有以下几方面。

① 多感知性（multi-sensory）。所谓多感知是指除了一般计算机技术所具有的视觉感知之外。还有听觉感知、力觉感知、触觉感知、运动感知。甚

至包括味觉感知、嗅觉感知等理想的虚拟现实技术应该具有一切人所具有的感知功能。由于相关技术，特别是传感技术的限制，目前虚拟现实技术所具有的感知功能仅限于视觉、听觉、力觉、触觉、运动等几种。

② 浸没感（immersion）又称临场感，指用户感到作为主角存在于模拟环境中的真实程度。理想的模拟环境应该使用户难以分辨真假。使用户全身心地投入计算机创建的三维虚拟环境中，该环境中的一切看上去是真的，听上去是真的，动起来是真的，甚至闻起来、尝起来等一切感觉都是真的。如同在现实世界中的感觉一样，典型的系统为虚拟现实大屏幕立体投影系统。

③ 交互性（interactivity）是用户对模拟环境内物体的可操作程度和从环境得到反馈的自然程度（包括实时性）。例如，用户可以用手去直接抓取模拟环境中虚拟的物体，这时手有握着东西的感觉，并可以感觉物体的重量。视野中被抓的物体也能立刻随着手的移动而移动。

④ 构想性（imagination）强调虚拟现实技术应具有广阔的可想象空间，可拓宽人类认知范围。不仅可再现真实存在的环境，也可以随意构想客观不存在的甚至是不可能发生的环境。

（2） 虚拟现实技术的发展现状

1965 年，萨瑟兰（Sutherland）在篇名为《终极显示》的论文中首次提出了包括具有交互图形显示、力反馈设备以及声音提示的虚拟现实系统的基本思想。从此，人们正式开始了对虚拟现实系统的研究探索历程。随后的 1966 年，美国 MIT 的林肯实验室正式开始了头盔式显示器（HMD）的研制工作。在第一个 HMD 的样机完成不久，研制者又把能模拟力量和触觉的力反馈装置加入这个系统中。1970 年，出现了第一个功能较齐全的 HMD 系统。基于从 20 世纪 60 年代以来所取得的一系列成就。美国的杰伦·拉尼尔（Jaron Lanier）在 20 世纪 80 年代初正式提出了“Virtual Reality”（虚拟现实技术）一词。20 世纪 80 年代，美国宇航局（NASA）及美国国防部组织了一系列有关虚拟现实技术的研究。并取得了令人瞩目的研究成果，从而引起了人们对虚拟现实技术的广泛关注。1984 年，NASA Ames 研究中心虚拟行星探测实验室的 M. McGreevy 和 J. Humphries 博士组织开发了用于火星探测的虚拟环境视觉显示器，将火星探测器发回的数据输入计算机，为地面研究人员构造了火星表面的三维虚拟环境。在随后的虚拟交互环境工作站（VIEW）项目中，他们又开发了通用多传感个人仿真器和遥控设备。

进入20世纪90年代，迅速发展的计算机硬件技术与不断改进的计算机软件系统相匹配。使得基于大型数据集合的声音和图像的实时动画制作成为可能。人机交互系统的设计不断创新，新颖、实用的输入输出设备不断地进入市场，这些都为虚拟现实系统的发展打下了良好的基础。例如1993年的11月，宇航员利用虚拟现实系统成功地完成了从航天飞机的运输舱内取出新的望远镜面板的工作。再如用虚拟现实技术设计波音777获得成功，是近年来引起科技界瞩目的又一件工作。可以看出，正是因为虚拟现实系统极其广泛的应用领域，如娱乐、军事、航天、设计、生产制造、信息管理、商贸、建筑、医疗保险、危险及恶劣环境下的遥控操作、教育与培训、信息可视化以及远程通信等，人们对迅速发展中的虚拟现实系统的广阔应用前景充满了憧憬与兴趣。

5.4.5 人工智能与心理学

心理学实际上是人工智能的基础理论之一，包括心理学对人工智能的影响和人工智能对心理学的发展。人工智能的方法学认为有三种代表性的学派：符号主义、行为主义和连接主义。实际上符号主义和行为主义都代表了最基本的心理学理论——逻辑推理心智研究与行为主义心理学。行为主义侧重从试验来验证理论猜想，而符号主义则侧重于建立完整的公理系统。连接主义的代表是以神经网络模型为代表的神经计算，这可以认为与心理学关系最小。因此心理学，及其衍生的心智哲学等可以认为是人工智能的基础支撑理论之一，比如，目前人工智能领域的很多强化学习理论都直接来源于心理学。

实际上，人工智能目前还是计算机科学下面的一个分支，尽管国内外很多专家都呼吁把人工智能从计算机科学中独立出来，但是必须意识到，人工智能实际上强调的是一种对人类行为智能的模拟，通过现有的硬件和软件技术来模拟人类的智能行为，这包括机器学习、形象思维、语言理解、记忆、推理、常识推理、非单调推理等一系列智能行为，目前人工智能概念本身也有范化的趋势，即大自然所体现出来的智能性，如蚂蚁算法、Swarm算法等都是受到大自然智能现象的启发，有些学者也把这一类归纳为AI领域。

因此人工智能发展的是一种技术和工具，从中产生的一些成果其实是可以应用的心理学。比如，一些仿真算法和理论的建立，可以为心理学提供一个试验环境和分析工具。

5.4.6 “人”与“人工智能”的心理机制

（1）智能时代的必然性

之前人工智能陷入低潮主要都是因为理论的不完备以及技术本身的实现程度不足以支撑足够多的应用，而它自身又需要较多的研究资源，如此一来，就很容易遇冷。而这次，我们有理由相信人工智能会发展起来而不是再落下去，关键原因在于这种技术已经非常普遍地得到了应用，应用范围也要远大于前两次。

目前人工智能在社会各个方面已经得到了广泛应用，全世界对它的热情也极其高昂，另外现今的语音识别技术、图像识别技术以及数据挖掘技术都有了较大的突破，虽然在语义处理、终端计算速度、网络的全面覆盖这些问题上还有待发展，但这都无法阻碍智能时代的到来，只是时间的问题。

（2）智能时代之益

电影《她》中就提到人工智能对人类心理上的一种安慰作用。当那个“人”每天都陪着自己，可以和自己聊天，可以帮助自己做很多事情，我们会不由自主地对她产生感情，与此同时，也能使我们不用长久处于一种孤独寂寥的状态中。

智能时代能为人类带来的益处当然有很多，不然整个世界也不会为它倾注如此多的精力与财力。你能想象到的一切不愿意做的事情，未来都可能被人工智能承担；你能想象到的人们可能做不到的事，也有可能会被人工智能收揽。从这些方面而言，人工智能对人类当然是有无穷的益处。

（3）智能时代之挑战

对于人工智能的发展，现在社会科技的快速发展所映射出来的社会问题，人类能不能处理好科技与人的关系？

对“人”与“人工智能”的看法，随着这个社会越来越快，科技越来越先进，社会化的程度越来越深，人们要想在这个社会生存，必须依赖社会这张大网。当我们可以从这张网络中收获很多的同时，其实我们会越来越忙。由此衍生的社会心理问题也越发严重，当然并不能说社会科技的发展与人的心理健康是背道而驰的，但目前的现象确实说明了我们人类还没有足够的能力加快自己的进化速度，使得人的大脑处理事务的方式可以和未来社会相匹配。

5.4.7 电影是根据似动现象还是视觉暂留发明的

大众通常认为，在影院或电脑上看到的电影是他们自动放映的结果，我们只需要机械的接受就好了。其实不然，电影实际上是在我们的大脑中完成的。从电影的放映再到我们的接受中间还有一道大脑的转译程序。长久以来人们一直以“视觉暂留原理”来解释这道转译程序。所谓视觉暂留，即指影像在人眼视网膜上持续约十分之一秒之后才会完全消失。举个通俗易懂的例子，我们发呆时长时间注视某个东西如花纹，眼睛移到别处之后一段时间还会出现这个花纹的影子。这就是影像在视网膜上持续的1/10s，也就是视觉暂留原理的具体体现。

幻盘也是用这个原理完成的，一张旋转的圆盘，画有空鸟笼的一面在视网膜上会留下影像，根据视觉暂留这一人体的生理现象，这一影像将在视网膜上持续1/10s后才会消失。如果在这1/10s内圆盘上画有鸟的那面翻转过来也在视网膜上留下了影像，那么他们将重合在一起，人的眼睛就“看见”了一个鸟在鸟笼里的影像，但实际上这个影像并不存在。由于幻盘一直被认为是电影成像的起源，而幻盘是视觉暂留原理的产物，因此人们往往把视觉暂留原理当作运动幻觉的全部解释。然而在1912年，马克斯·韦特海默（Max Wertheimer）所做的实验对运动幻觉提出了新的解释：韦特海默用速示器通过两条细长的裂缝先后在幕布上投射两条光线，一条是垂直线，另一条则与这条垂直线呈20°或30°角。如果先后投射的这两条线时间间隔很长（如1s），那么我们看到的是两条先后出现的光线，他们各自独立。如果两条光线出现的时间间隔很短（如0.02s），那么这两条会被看作是同时出现的。可如果这两条线出现的时间间隔在两者之间，则被我们看作是光线从一处向另一处移动。第一种情况中并未产生运动现象。第二种情况，我们认为起作用的仍然是视觉暂留原理。第三种情况实际上并未产生运动，我们却知觉到了运动，韦特海默称其为似动现象。

在这个实验中，我们注意到之所以会出现三种不同的情况，关键在于时间间隔。而第三种似动现象的所包含的时间间隔是处于一种相对较大的时间上下限范围内（0.02～1s），其时间间隔的范围大于第二种视觉暂留。如果我们将电影以每秒三格或二格的慢速来放映（这种慢速是在视觉暂留所要求的 0.1s 之外的，实际是以时间而将两者区分开的控制变量法），尽管非常慢，尽管有闪烁，但是人们仍然会看到影像的运动，这就排除了视觉暂留是运动幻觉这一说法。似动现象是不以人的意志为转移的，即使清楚地知道并不存在物理运动，人们也同样会这么感知。这源于人的心理因素，这种心理因素我们归纳为现象认同，即人具有把一种几个客体的运动看成一个单元的倾向，数个分离的静止画面之间的现象认同性的接受使观众把那一过程看作运动。

视频看到 16s 后，回头再看那个幻盘，它只有这一个画格，利用视觉暂留这一生理现象达成两个静态影像的重叠而产生幻觉，但并不能产生运动幻觉。换句话说视觉暂留只能让我们看到鸟在笼子里这一静态画面，并不能让我们看到鸟飞进了笼子里这一动作。而电影是一连串静止画格的运动，超越了幻盘的局限，利用现象认同这一心理现象使我们产生了运动幻觉，这才解释了之前所提到的观点——电影是在观众大脑中完成的。视觉暂留仅仅保证了产生运动幻觉的质量，即避免使我们看到电影前后画面间隔中的黑屏，而似动现象才是产生运动幻觉也就是电影的根本原因。可以说，正是由于现象认同才使电影成为可能。电影的成像正是基于人们的认知错觉，然而这是人类迄今为止最美丽的错觉。

5.4.8　不要被过度娱乐的社会遮蔽了双眼，认清你自己——心理学入门

世界在飞速变化，我们却应该慢下来，其实内心的快乐，不是用钱能衡量的，人生的价值，也不只是看一个人经济实力的大小。关键是你能不能按你内心的指引，做自己喜欢的并且擅长的事就够了。当我们用自身的感悟去启迪大众反观内心时，不要被过度娱乐的社会现象蒙蔽了双眼，看不清自己。

如果一个人眼里只有钱，那么这个人永远不能自我实现。未来的世界，人类的工作很大程度都会由机器代替，更多的人会失业，但是有一点，我们肯定的是，心理咨询师和心理治疗师、哲学家、艺术创造者、发明家、领袖等这些需要高度思维和情感的工作是不可能被机器人取代的。机器人替我们做了感官能做的事，甚至比我们做得更好。人工智能时代，我们可以有更多时间去发展我们的思维和情感官能，自我实现者都是具有较不错的思维和情感的人。

作为一个认识自我的工具——迈尔斯布里格斯类型指标（MBTI）的心理测评，帮助我们找到自己的优势和劣势，告诉我们做什么样的工作，和什么样的人在一起，会让我们更有成就，会让我们更快乐，会让我们更容易自我实现。一个人的性格就好比是火锅的锅底，最终火锅好不好吃，还要看我们给他加了什么料。一个人的性格也好比是一块木头，最终成为美轮美奂的艺术品还是当作没用的柴火烧掉，还要取决于雕刻你的人。雕刻你的人，除了我们家庭、社会环境，还有我们自己。最重要的是自己，往往我们都忽视了！如果我们把经历的好事、承受的磨难都当作是为让你成为你想成为的样子而努力“雕刻”的话，我们所有的不愉快或抑郁，都会减轻很多，我们离自我实现的道路就会越来越近！

5.5 设计心理学在微信中的应用

基于设计心理学设计的用户界面能给人带来更好的交互体验，据说国内用户量最大的 App 就是微信，本节将以它的功能设置与界面设计为出发点，分别从马斯洛需求层次设计心理学、格式塔心理学、7±2 原则、莱斯托夫效应、3 次点击原则和费茨定律来分析微信在设计心理学中的应用，发现微信在界面中的设计细节，为其他 App 的产品设计提供一些借鉴与参考价值。

5.5.1 马斯洛需求层次在微信中的应用

马斯洛需求层次是非常著名的设计心理学，由美国的心理学家亚伯拉罕•马斯洛在 1943 年提出。它是指人在生活中，从最基本的生存需求一直到最高层次需求的阶梯过程，主要包括生理需求、安全需求、社交需求、尊重需求和自我实现需求。

（1）生理需求

生理需求是指人在最初要首先满足衣、食、住、行的需要，因为这些是人的基本需求，是推动人向前发展的首要动力，一个人在吃不饱、穿不暖的情况下就不会考虑更长远的事情。微信从三个方面去满足人的生理需求，第一，在微信的“我的钱包”类目中可以看到微信与“蘑菇街”“美团外卖”

“生活缴费”“滴滴出行”的合作，买衣服、订外卖、日常缴费与线上打车等功能在一定程度上满足了用户的衣、食、住、行的基本需求。第二，微信积极发展微店，微店主打着人人都可以开店的口号，而售卖的内容则由广大的用户群体决定，类目非常广泛，覆盖了使用者在衣食住行的方方面面。第三，微信积极扩大线下支付的影响力，微信与众多线下商家联合，通过“扫一扫”“收付款码”使消费者在线下消费时可以在不带现金的情况下满足几乎所有的需求。

（2） 安全需求

安全需求是指人在满足生存需求之后提升安全心理需求的阶段。用户在使用手机 App 时最害怕隐私泄露和金钱丢失。保护用户隐私是开发者应该做的事情，但是有很多不良开发商却出卖用户的数据来进行盈利。微信在保护用户隐私上专门推出了《微信隐私保护指引》，并说明只会在用户的同意下才会收集、转让用户的个人信息。用户在使用微信的过程中，可以关闭“附近的人”“摇一摇”“允许对方通过手机号/QQ号搜索到自己”等功能。

（3） 社交需求

社交需求指的是马斯洛需求层次认为，人们在满足安全感之后会追求再上一层的心理感受，希望自己有朋友、亲人、爱人，有秘密分享者，有交流情感思想的人。这项需求的满足也是微信最初设立的主要功能，也就是即时通信，人们可以于任何时间在微信上进行聊天，分享自己的感受，也能通过朋友圈看到好友的动态，相互点赞，形成“快”社交。随着微信的普及，微信的海外版用户也占有非常大的比重，世界上每时每刻都有微信通话、微信视频正在进行，使微信变成了一个“日不落”应用。

（4） 尊重需求

在达到社交层次之后，人们往往希望形成自己的影响力，并从中得到别人的尊重，有稳定的社会地位，被圈子、社会所承认。微信运动就有这样的效应，通过计步来显示自己在走路或者跑步方面的锻炼量，好友之间成绩第一名将展示自己的“封面”，并且互相点赞，鼓励和监督对方锻炼身体，步数的计数也可以造成朋友之间良好的竞争。当使用者步数一点点超过其他好友，被点赞和获得封面展示时，会有一种被尊重的心理感受。

（5） 自我实现需求

自我实现需求是马斯洛需求层次的最高层次，即自己有独立的解决问题的能力，做自己适合做的事情，通过成为自己想成为的样子获得快乐。有很多的人以帮助他人为己任，微信的钱包扩展应用里就有腾讯公益，点击之后会出现很多公益栏目，比如大病医疗救助栏目，帮助一些先天或者后天的疾病患者；贫困人群关怀栏目，帮他们筹集生活费；特殊群体关爱栏目，给烈士父母、孤儿、饥饿儿童送去温暖；也有对大自然的保护栏目，比如植树造林、放飞鸟类等活动。这些栏目可以让正在幸福的人们去传递幸福，传播正能量，从而达到自我的实现。

5.5.2 格式塔心理学在微信中的运用

格式塔来源于德语的“Gestalt”，是“完形”的意思，所以格式塔心理学又被称为完形心理学，指的是人们在看待物体时在视觉上有自动补全的倾向，如图 5.14 所示。

图 5.14 格式塔

（1）接近性原则

接近性原则是指物体与物体之间的相对距离可以让我们判断它们是否是一组的元素。微信的“发现”页面里可以清晰地看到朋友圈是作为独立的一条出现的，与下面的“扫一扫”有60px的灰带距离，而“扫一扫”与“摇一摇”两个项目之间的距离是0px，并且只有1px的灰线作为简单分割。相似性功能放置成组，与其他类别相互区分。

（2）相似性原则

相似性原则是指人在视觉上会将相似形状、大小、颜色的物体自动归纳为一致的元素，形成统一的整体。在微信里的“通讯录”页面里，“新的朋友”“群聊”“标签”“公众号”分别是对朋友和公众号进行添加与设置的，四个功能的图标都是白色图形，单色反底，图形的设计风格也是一致的，让用户感受到四个功能的一致性，反底颜色略有不同又显示出4个功能具体偏向不一样。

（3）连续性原理

连续性原理是指视觉上人对物体有一定的延伸性。微信的即时通信页面里最后一条只显示部分消息框，而视觉系统会告诉使用者，下拉还有其他消息，使用户有向下翻阅的欲望。

（4）简单性原理

简单性原理是指人们倾向于简单的事物。微信有定制功能的设置，除聊天功能和配合聊天的“通信录”等必要功能外，可以只拥有想要的功能，将不使用的功能统统全部隐藏或关闭，这样保持了微信的简洁性与功能的高实用性，使整个微信看起来简单、清爽。功能少的微信版面比较清晰，也提高了产品的学习性与易用性，方便了不善于使用智能产品的中老年人等的学习和使用。

5.5.3　3次点击原则在微信中的应用

这个原则告诉我们，用户对一般功能的操作容忍度是3次点击，经过3次的点击还找不到想使用的功能，绝大多数用户就会丧失信心并放弃对该功能的使用。软件界面必须要让用户无需动脑就知道自己身在何处、来的过程和返回的方式，这样即使是步骤多于3次点击，用户也是可以接受的。微信中如果对首页中的联系人使用“语音消息功能”“视频通话功能”和“语音通话功能”，基本上都能在3次点击之内完成，还有常用的“朋友圈”功能的顺序也是点“发现”—“朋友圈”两个步骤即可完成，大大方便了用户的使用。

5.5.4 费茨定律在微信中的应用

费茨定律是由美国的保罗•费茨提出的，举个例子解释该定律，当我们拿着手机充电器给手机充电时，离插座有一段距离的时候，我们的手接近得速度非常快，当手距离插座较近的时候就会放慢自己的速度，并且试探着寻求充电器与手机的匹配。由此得出用户距离目标越近越容易匹配目标，距离越远越不容易匹配；目标越大越容易匹配，目标越小越难找，花费的时间越长。同理，图标的大小关系到用户的操作速度。这里依然拿微信的标签栏来举例，“微信”“通信录”“发现”“我”四个功能，按钮比本页的其他按钮要大，并且在图标外也增加了热区，使用户更容易点击。

5.5.5 设计心理学在微信中的体现

（1）视觉语言

“视觉语言”一词来源于英文“visual language”，“视觉语言”这一概念始于19世纪20年代，当时在包豪斯从事教育事业的艺术家们在研究视觉艺术的规律方面进行了诸多的探究，如由视觉心理而产生的情感问题，传达这些感情的视觉语言和设计的关联性等。“视觉语言”一词广泛而真切地得以见诸设计类刊物和词典是在艺术与科技飞速发展的近几十年来的事情，它一般被人们定为形象思维的范围，限定在艺术造型的审美方面。

（2）界面设计

“界面”也称“用户界面”，由User Interface翻译而来，一般将其缩写成“UI”。《简明不列颠百科全书》把Interface定义为“物质两相的分界面，界面并不是几何面，而是一个两侧物质有差异性的薄层”。可以看出这里所指的Interface偏重于物理属性的意义，而我们所谈的现代设计领域中的“界面”已经成为一种重要的新型造型艺术的文化创造行为，虽有关联却并不完全相同。

界面设计是指人机之间存在一个相互作用的媒介，人通过视觉或听觉等感官接受来自机器的信息，人机通过互动接受和发出信息。此定义依赖于计算机科学发展和成熟而诞生的新媒体，当用户在机器上完成玩游戏、浏览新闻、购买商品、聊天等交互动作就是对界面设计的体验。随着4G网络Wi-Fi的普及和新技术的发展，各种数字媒体产品的交互方式也越来越需要更优秀的界面设计。

（3）微信界面设计

2011年1月21日，腾讯公司推出了一款为智能终端提供即时通信服务的免费应用程序——微信（We Chat），它是目前各大应用商店（提供该应用比较著名的应用商店主要有苹果公司的App Store，安卓的Google Market，诺基亚的Ovi Store）的一款火爆手机应用软件，用户可选择自己喜爱的版本安装在手机中。微信应用程序属于新兴媒体，是主要以阅读文字为主的应用，兼顾音乐、视频等，在理论角度，目前还未形成成文的微信界面设计定义，但是微信界面设计归属于界面设计，微信界面设计的概念也可从界面设计概念演变而来，所以我们可以把微信界面设计理解为对第三方智能手机微信应用程序（App）进行的界面设计。

微信界面是人与机器（手机）之间传达和交流信息的媒介，是用户和系统进行双向信息交互的支持软件、硬件以及方法的集合，所以微信应用的用户界面也可称为微信的人机界面。微信应用界面在把各种阅读信息以最快捷、最方便的方式传递给读者，满足传递信息的同时，引导读者逐渐产生审美的需求，可以说是功能美与形式美的统一。

5.5.6 微信界面视觉设计的原则

微信界面作为用户与应用交流的媒介，视觉上体验的良好与否会成为用户评判微信应用好坏的重要条件，而用户界面设计的原则能够提高用户界面设计的质量，因此在对微信界面进行视觉设计时必须基于一些设计原则来进行。以下根据拉里•康斯坦丁和露西洛克伍德的以用途为中心的设计原则，把微信界面的视觉设计原则归纳总结为突出性设计原则、用户性设计原则、整体性设计原则、个性化设计原则。具体如下。

（1）突出性设计原则

微信界面视觉设计的突出性原则是指设计师需要根据移动终端及微信应用的特点，把微信界面中的重要控件设计得更加突出，达到引人注目的视觉效果，让用户使用时一目了然。设计师对突出性设计原则的把控可以通过采用高对比度来实现，当受到其他外因影响，如手机终端的硬件无法支持对比度加强时，设计师还可以通过加重选项的颜色和增大文字字体的方式来实现。

（2）用户性设计原则

用户性设计原则是指以用户为中心，把应用程序界面中的所有选项与功能设置都作为满足用户借以完成自定目标的桥梁，用户可根据提示信息来对它们进行操控。所以，设计师要确保信息呈现的准确性。设计中的信息载体在一般情况下都是图像和文字等元素，视觉设计师需要对其进行反复的斟酌。

（3）整体性设计原则

微信界面的整体性设计原则就是要求整体设计上的一致性，即微信应用视觉界面的文字与图形图标以及不同模块等要尽可能地在外观、风格上保持协调统一。因此，微信界面设计中的整体性设计要求设计师在确保微信应用界面完整表达信息的基础上，尽量地遵从微信界面整体风格的一致性。

（4）个性化设计原则

从字面意思来理解，“个性化”就是区别于一般大众的，在大众化的基础上还拥有专属于自己的另类而独特的属性，也就是人们常说的标新立异。在这个越来越追求创新、追求个性化的社会里，用户对微信界面设计的要求当然也会愈发的个性化，因此，个性化的微信界面设计就是打造一个有微信个体特征的界面来满足与服务微信用户的需求，达到与众不同的效果。微信应用的功能繁多，使用人群也相对广泛，年轻的用户族群会期望在微信应用中表现自己的个性与风格来体现自我，上班的用户族群会希望微信应用界面能体现稳重、成熟与尊贵等。

5.5.7 微信界面视觉设计的视觉流程

美国学者杰西•詹姆斯•加瑞特（Jesse James Garrett）说视觉设计是表现层的设计，交互设计是结构层的设计，它们两个是彼此合作、互相影响的过程。所以，微信界面的交互设计和视觉设计是一个从抽象化转到具象化的过程，在对其进行设计时要遵循一定的视觉流程。人们在对整个映入眼帘的信息进行读取时，视线会自然地形成一种从左到右、由上至下的习惯性流动，并且视线从视野范围内的左上角向右下角沿着一条弧线自然流动，越到底部注意力也会随之越少，但是信息放在这根隐形的弧线上会明显比放置于其他位置上更容易引起用户的注意，这条无形的流动线就被人们称为“视觉流程”。视觉流程有时还可能会出现两条类似的弧线，当这两条弧线相互靠拢抑或是相交时就会形成一个交点或者有形成交点的趋势，这个点就是“视觉焦点”。

“视觉焦点”是一个极为重要的位置，它既能抓住用户的视线，又能起到引导视觉的作用，所以设计师一般都是把需要强调及引起用户注意的信息放置于此。设计师在对微信界面进行设计时，可将视觉流程的特点直接引用进去，将微信界面内容的各种信息元素按照视觉流程来进行对设计意图的表达，用恰当的放置来诱导用户的视线，从而获得最佳的传达效果。

5.5.8 视觉语言微信界面设计特性

（1）艺术规律的共性

在现代科学技术的发展推动下，传统的平面设计不管是在内涵上，还是在外延上都因不能满足信息视觉化的需求而失去了对设计丰富性的包容，加上媒体形态的变化与推动，这些因素致使UI（用户界面）设计成为一门全新的平面设计类型来丰富传统平面设计的视觉效应和表现力，传统平面设计在现代社会生活中的发展与延伸，即存在艺术规律的共性，微信界面设计与传统平面设计同样也存在着这种艺术规律的共性。

① 形式元素的共性。微信界面呈现的视觉效果就是传统平面设计的数字化表达，但不管是微信界面设计还是传统平面设计，都是将信息转化为视觉，最后呈现给用户的视觉效果依然是以点、线、面、图形、色彩、文字等

视觉设计元素组合而成的构成关系。

② 形式规律的共性。所谓的规律就是带有普遍意义放之四海而皆准的原则，形式规律就是对形式诸元素间有机的异同整合。由于在传统平面设计和微信界面设计当中的形式元素具有共性，那么在对这些诸元素进行有机整合时也就会存在一定的共性。

（2） 画面构成的个性

传统的平面设计主要以纸张为表现形式来呈现信息，微信界面设计则以界面作为主要载体来进行信息的呈现，其外在的表现形式是屏幕、电脑。所以，传统的平面设计与微信界面设计的媒体属性不同，即便两者有着共同的艺术规律，微信界面设计仍然会自然而然地产生新的构成本性，微信界面设计冲破了传统平面设计中静态空间的限定，在设计的内容和表现方式上都发生了一定的变化，两者间最为显著的特征就是微信界面设计的多媒体性、交互性、动态化等区别于传统平面设计。

① 传统平面设计和微信界面设计的内容与表现方式不同。传统的平面设计主要是在二维空间中对各视觉要素进行的创意设计和构成关系的设计，是静态的信息传达；而微信界面的设计不仅仅是对平面视觉元素的信息组合，而且还包括对交互和动态元素内容进行的设计。微信界面设计是平面视觉设计与计算机信息技术的结合，相对于传统的平面设计而言，以动态图形图像来传达信息是两者最显著的区别。

② 传统平面设计和微信界面设计的技术实现方式不同。20 世纪末，当许多设计师还在对用电脑作为设计工具发出质疑时，计算机与设计的关系已经不可割裂了。由于科技的影响，还未用计算机之前的传统平面设计主要是利用手绘、刻板、制版等方式来进行的，现如今已是数字时代，电脑已经作为设计的主要工具而存在，从设计的创作到图像的处理、文本的编排，再到最后的呈现方式等都是越来越趋于数字一体化。

③ 传统平面设计和微信界面设计的固定性不同。传统平面设计和微信界面设计的固定性不同，因为只要一经设计实施完成并印制，传统的平面设计就是一个不变的固定结果，如果需要对设计方案进行整改就会对资源和成本造成浪费，可谓费时、费力，还费钱。微信界面设计在这方面是有别于传统平面设计的，它在设计的实施和发布上具有很大的灵活性，不会受到具体物质条件的制约，所以它能迅速地根据不同的时间及环境做出相应的调整与更新。

5.5.9　微信界面视觉语言的构成元素

（1）文本元素

从视觉角度来说，文字作为一种表达思想感情、记录语言及信息的视觉符号而存在，即文字是具有图形含义的一种符号化信息，文本是设计领域里最基本的形式要素之一，对文本元素的设计主要是对文字和文字艺术效果进行的处理及设计，这种设计包括物理意义上的字体造型设计和对以文字为内容进行的系列处理效果与方式。

（2）图形图像元素

图形图像是具有提供最大视觉信息能力的符号化的视觉形象，是可使设计更吸引眼球的鲜活元素。图形图像作为一种与“图”有关的视觉语言形式，是设计中重要的表达视觉元素，也是界面设计中最重要的设计元素之一。

图形图像直观、形象的特点使其概括能力强，能以视觉化的方式对信息进行表现，反映事物的内涵更加形象，给人留下直观、具体、清晰而生动的印象，所以也更加易于被受众理解和接受。此外，图形图像在造型和色彩等的搭配上都具有很强的注目性，它们可以对叙述性的文字内容进行更形象的表达，让其成为视觉信息的中心。

（3）色彩元素

色彩作为一种最直观和最敏感的视觉元素，它永远是吸引人们视觉注意力的第一要素，不但能够给设计作品在受众的传播过程中带来鲜活的生命力，而且还能激起人们的情感共鸣和联想。对色彩进行合理的搭配能与受众沟通心声，使设计作品呈现出赏心悦目的视觉效果，这在设计领域中有着无可取代的作用。

5.6　设计心理学在交互设计中的应用

设计心理学作为一门与设计密切相关的学科，在当代设计中越来越发挥着重要的作用，尤其在交互设计中心理学的运用非常重要。本节在设计心理学和交互设计概念的基础上，对交互设计和心理学进行进一步的分析，总结设计心理学交互设计的原则和方法。在设计中注重用户需求，以用户为中心不仅要满足可用性的设计要求，还要注重用户使用过程中的心理需求。

5.6.1 设计心理学与交互设计的关系

交互设计主要是研究人类用什么样的方式与社会产生信息的有效传递和反馈，建立一个舒适的交流方式，包括交互、信息和情感，这三者之间相互交叉联系。交互设计的过程也是设计师对产品与用户之间的交流行为进行解析、预测、规划和探讨的过程。站在用户角度来讲，交互设计是一种如何让用户更简单、更方便地去使用的方法。设计的最终目的是解决问题，创造更好的生活。通过更优质的解决方案给用户带来更舒适的体验，所以用户的心理是掌握用户体验的核心。

5.6.2 交互设计中心理学的要素

设计心理学研究的不是纯粹的心理学基础理论，而是更多地关注心理学在设计和相关领域的应用。随着社会的发展，消费观念越来越重视人们的心理感受，对设计的要求和限制越来越多，人成为设计最主要的因素，人们不仅希望可以获得更好的产品，而且迫切要求满足他们的心理需求。在心理学基础上研究交互设计相关的心理状态，也就是分析研究人们对于交互行为的心理，最终应用于设计，其中不仅是用户的心理，设计的产生对整个社会大众所产生的影响也是尤为重要的。

信息交互设计作为移动应用设计中的重要组成部分，是产品提供更好的用户体验的重要研究方向。在互联网市场越来越多元化、复杂化的环境下，信息的设计不仅要满足用户们的基本功能需求，还要注重用户的视觉与心理感受，不断探索更适合人们的交互方式。设计产品能在人的内心产生映射，从而使人产生愉悦的和美的感受，均源于人能够感觉和知觉到设计，并对设计传达的信息产生共鸣，我们甚至可以说感觉和知觉是一切设计心理的基础。

5.6.3 交互设计的基本原则

诺曼提出了交互设计的六个基本原则。

(1) 示能

示能指的是物理的特性与决定物品预设用途的主体能力之间的关系。举个简单的例子。比如一张椅子，由于提供了支撑的功能，人们一看就知道可以坐，可以在上边放东西，这就是示能。需要注意的是，示能指的是一种相互关系，而不是物品或材料的属性。即只有出现了物品和使用者，示能才有意义，且对于不同的使用者，示能可能不同。

（2）意符

示能的符号提示功能叫作意符。示能与意符在设计中经常被混淆，诺曼定义示能决定可能进行哪些操作，而意符则点明操作的位置。更准确点说，示能揭示了世界上作为主体的人、动物或机器如何与其他东西进行互动的可能性，而意符指的是信号，是一种提示，必须是可以被用户感知的，起到沟通用户的作用。比如星巴克的门上就有示能和意符。门把手是示能，门上“推”的标志是意符。

（3）映射

映射表示两组事物要素之间的关系。通常来说，映射表示的是控制器和物体之间的联系，比如开关和灯。不过往往灯和开关都是失败的映射设计，因为面对一间屋子里大量的灯和开关，你根本不知道哪个开关对应哪一盏灯。在我们的应用系统里，也有映射的概念，比如我们常见的 IP 列表，里面的每一个 IP 对应的一台机器就是一个映射，十分清晰易懂。

（4）约束

约束是指在物品上添加的限制用户行为模式的线索。约束可分为物理、文化、语意和逻辑四种。通过示能、意符、约束和映射，用户往往可以简化可能碰到的困难。典型的例子是电池的安装，电池盒里正负极的约束限制了安装顺序。

（5）反馈

反馈指的是用户在操作后系统给予的信息，一般反馈是用于告知用户系统正在处理请求。在日常生活中，反馈更是无处不在，比如拿起一个水杯，就有触觉的反馈。反馈如此重要，但令人惊讶的是，很多产品常常会忽略反馈。反馈设计有几个需要特别关注的地方：即时性、足够的信息、适当的时机以及优先级的考虑。

(6) 概念模型

所谓的概念模型指的是用户在心中建立起来的对物品的理解，通常是由示能、意符、映射、约束和反馈这几个要素糅合在一起以后，在用户心中建立的模型。对于一个无法理解的产品，用户往往会失去使用的兴趣。

通过这六个要素，诺曼将用户的行为渗透在设计中，这六个要素正是用户的思维模式，用户通过示能和意符观察产品，通过映射、约束和反馈操作产品，并建立出概念模型，从而真正明白产品是如何使用的、一个优秀的用户体验设计就是让用户在理解产品的过程中没有阻碍。

5.6.4 心理学在交互性游戏设计中的作用

无论设计什么样的系统，做什么样的活动，都是为了满足玩家的需求，从而获取收益。所有的设计，都是为了这样一个目的。而我们能够给玩家提供的，无非也就是名利和感情。

无论名利还是感情，都是玩家的一种心理活动。网络游戏作为第三产业，即服务性行业，出售的就是服务。在游戏中，看似给予了玩家很多的金钱、物品，但是这些只是服务器中的数据，从本质上来讲，没有任何的价值。只是通过这些东西，为玩家提供了一种服务，也就是给玩家心理满足感，游戏中的金钱、物品、光影效果等都是这种心理满足感的传递介质。所以说，设计仅仅是一个过程，一种让玩家得到心理满足的手段。只要了解了玩家的心理变化，就掌握了所有设计与运营的本质。

下面列举三个心理学现象，探讨心理学在游戏设计中的作用。

(1) 斯金纳箱操作性条件反射实验

斯金纳箱以行为主义心理学家斯金纳的名字命名。斯金纳用这个箱子进行了许多实验，其中就包括斯金纳箱的操作性条件反射实验。把小老鼠放在箱子中，通过按下按钮，滚出食物。一次滚出的食物量越多，小老鼠在不再滚出食物的情况下，会继续按按钮的可能性越大，这种行为现象不易消失。这种实验最初用于解释赌博和买彩票，实验中小老鼠的心理，和赌徒的心理非常相似。在明明知道成功概率很低的情况下，仍高估成功的概率，因而不能从痴迷的状态中摆脱出来。

在游戏中可以把“斯金纳箱”进行拓展，只要涉及给予玩家奖励，都可以运用“斯金纳箱”。例如，为了鼓励玩家上线，增加在线人数，设计活动为：每周六上线的玩家，奖励××礼包一个，打开可获得大量经验。通过分析可以发现，这是一个固定概率的奖励，即上线=获奖。

运用“斯金纳箱”原理修改该活动，每周7天中的某一天，只要玩家上线，都有机会获得一个活动礼包，打开可获得大量经验。这样一来，固定的奖励被修改为随机奖励，由于每次上线都可能得到礼包，玩家为了获得奖励，将大大增加上线次数。

（2）凡勃伦效应

美国学者凡勃伦认为，与产品越降价、需求越增多的一般规律不同，特定的产品越涨价，需求越增多。部分上流阶层的消费目的在于炫耀自己的社会地位和成功，满足自己的虚荣心，所以价格越高，需求则越增加。相反，如果降价，体现上流阶层的界限变得模糊，所以需求减少。“凡勃伦效应”中有一个著名的故事。一个城市以出产绿松石而闻名，一家销售绿松石的店铺因为经济不景气而销售锐减，面临关闭的危机。于是老板吩咐店员半价销售所有的绿松石。但不知什么原因，店员误以为老板要求以两倍价格销售绿松石，便涨价两倍。刚一涨价，绿松石便卖得特别火爆，老板获得大量利润。“凡勃伦效应”在游戏中的应用同现实中相同，高端玩家同样有炫耀心理。但凡事看两面，价格并非越高越好，毕竟高端玩家也是有承受限度的。关键在于如何把握价格界限，尽可能地使需求和价格的共同作用产生最大收益。

（3）厌恶损失

厌恶损失是指在相同的财富面前，与获利相比，遭受损失时心理反应更敏感的现象。这两组对比试验充分说明了人们在遇到损失的情况下，心理更加敏感的现象，我们称之为“厌恶损失”。人们在有利可图的时候，会选择获得稳定的收益；而吃亏的时候，为了避免损失，更愿意去赌小概率事件。通常，面临同样大小的利益和损失，来自损失的心理压力，比来自因利益得到的幸福感高出约两倍。最能反映这种心理的典型案例就是炒股票。股价上扬的时候，人们更愿意选择稳定的收益，会尽快卖出手中的股票，也就是常说的“炒短线”。相反，股价下滑的时候，期盼股票再次上涨，放弃稳定，选择风险，所以很多人被“套牢”。“厌恶损失”原理在游戏中的应用，主要体现在两个方面：其一，在某些玩家出现失误或者懈怠的情况下，为保证游戏性，必须对玩家进行惩罚。惩罚通常都是让玩家损失一定的劳动成果。我们通过“厌恶损失”原理调整某些概率参数，能调控玩家的损失量，促使其更好地进行游戏，并且控制成长速度。其二，由于前面所说，自损失心理压力比来自利益得到的幸福感更高，我们应当合理的设置，规避玩家因损失心理压力而放弃，保证玩家玩游戏的持久性。

以最常见的死亡为例。玩家可以在一个NPC（非玩家角色）处选择正常复活，即100％损失一定经验、金币复活；也可以在另一个NPC处，选择完全复活，这种复活方式可以无损失复活，但也有一定概率损失很多的经验、金钱；还可以缴纳商城物品（如替身），100％无损失复活。这样一来，我们给玩家提供了三种复活方式，即100％损失复活、一定概率的无损失复活、100％无损失复活。前两种方式运用“厌恶损失”原理，调控玩家的损失，使玩家的成长不至于过快。第三种方式则提供了一个渠道，规避损失带来的心理压力，防止损失过大导致玩家流失，并且以此获利。

5.6.5 交互性游戏音乐中的心理学——哈斯效应

在游戏音乐中，根据哈斯效应原理，我们可以校正扩声系统的声像问题。哈斯的研究实际上是解释了同一空间中直达声与早期反射声之间的关系，最终得出的结论是，只要早期反射声与直达声到达听声者的时间差小于35ms，且声压差保持在10dB以内，那么这两个声音在听觉上会被视为是同一个声音，如图5.15所示。

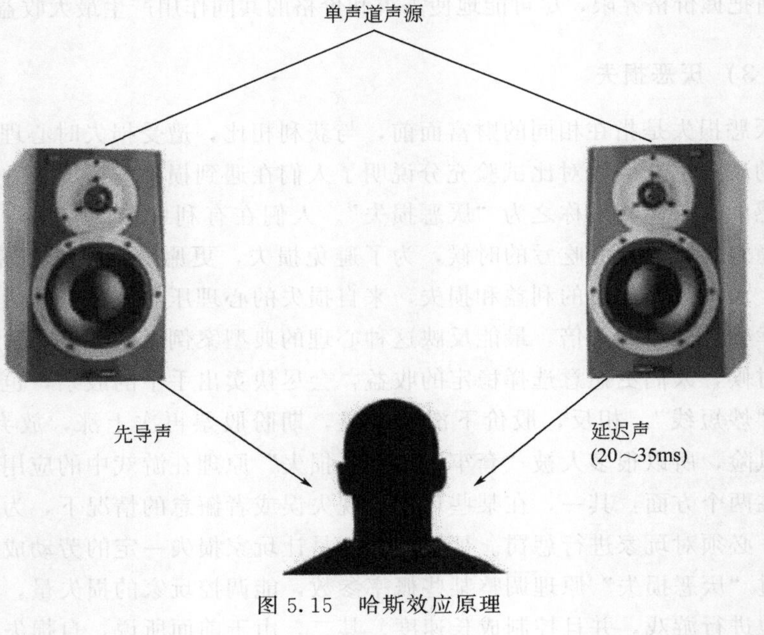

图5.15 哈斯效应原理

此时，直达声的方向性会保留下来，被视为声源的唯一方向。但由于这两个声音相位差的存在，无形中会增加游戏音乐带给我们的空间感。混音操作时，你如果希望单声道的声音听起来比较厚重或者有空间感，可以尝试运用哈斯效应。将单声道声音文件导入数字音频工作站，进行复制后再通过“声场定位”操作分配到左右两个立体声输出通道。紧接着对副本声音添加延迟效果，并保证它与原始声的时间差维持在 10～35ms 之间的合适范围，精细调整声压级的差值。如此一来，游戏音乐一定程度上就可以营造出拟真的立体声听音效果，增强其空间感，如图 5.16 所示。

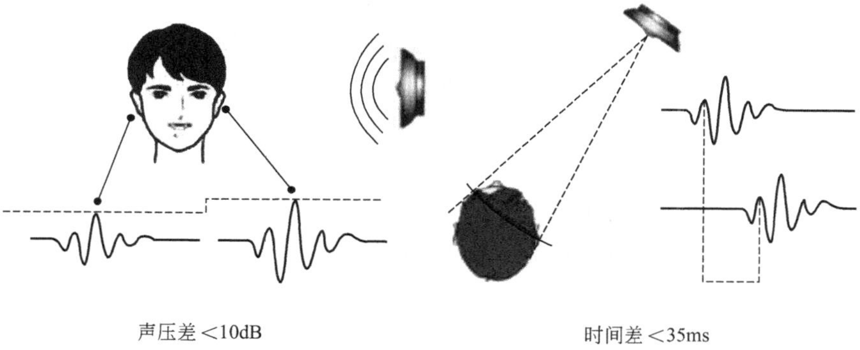

图 5.16　声场定位

反之，你也可以逆向运用此原理。立体声听音环境下，为了突出其中某些声音元素或某一通道的声音，在游戏音乐制作过程中反向执行以上操作可以实现想要的这种效果。但是，此时左右声道的声音不再对等，处于不平衡的状态，这对于听众来说是一个挑战。一般情况下不建议这么做，除非你十分明确自己想要达到的效果是怎样的。切记不要做得太过，避免产生较大相位差，影响立体声的听音体验。

5.6.6　交互性游戏中的心理画像

作为一个制作游戏者，每天都要不可避免地谈论我们的“上帝”——玩家，而谈论最多的，自然是玩家的付费行为。在对付费行为进行讨论分析的过程中，业内逐渐产生了免费玩家、小 R（小额付费用户）、中 R（中额付费用户）、大 R（大额付费用户）的分类方法并得到了共识。

(1) 大R的心理特点

大R是游戏行业能够如此迅猛发展的最大推动力，正是他们塑造了无数游戏行业的创富神话并吸引无数“有志青年”义无反顾地投身其中。大R用户的存在，一定程度上得益于当前财富分配的现状，一小部分人分得了不可想象的财富，而大部分人所获寥寥。这其实也是为什么中美市场付费率差异很大的原因之一，中产阶级为主的社会结构和穷人为主的社会结构相比，前者的付费率显然会高得多。

游戏是最便宜的娱乐活动，因为在游戏中为你服务的，主要是机器和代码，相比之下，其他娱乐业的场所、人工费用就显得非常昂贵了。游戏是一个非常消耗时间的娱乐方式，尤其是能够让大R有用武之地的游戏一般都有着比较复杂的养成体系，侧面说明了大R群体的空闲时间比较多。实际调查发现，大R中相当一部分是煤老板（广义上说就是一切个体矿产业主）、包工头（建筑、道路、绿化、装修等等各种项目）、公务员、私营业主（服装、电器、食品、家具等）。

大R的另外一个特点就是比较接地气，属于富人群体中不注重“贵族化”的一类。大R还有一个鲜明的特点就是不低调，富人圈里，低调和不低调成了两个极端，而大R大部分都妥妥地站在不低调的这个极端上。

① 尊重需要和自我实现需要。根据马斯洛的需求层次理论分析，大R们主要希望满足的是尊重需要和自我实现需要。尊重需要在现实生活中已经得到了相当程度的满足，但现实生活接触到的人毕竟有限，而网游中动辄数万人的尊重与崇拜是现实社会中很难得到的。同样，在现实生活中，称霸天下、武功盖世甚至制霸宇宙都是不可能的，这些成功只能在游戏中获得。

② 增加服务机会。为什么服务机会变少呢？是因为游戏数量迅猛增加，大R被分流。那么在推广阶段如何获得更多的大R就成为问题。大R大多数并非“骨灰玩家”，他们浏览专业网站和各种排行榜的次数并不太多，绝不属于对新游戏“先知先觉”的群体。虽然当今的互联网最讲究“口碑营销”，但如果你无法精确定位到“有朋友是大R”这个群体，也就无法利用他们通过更短的关系链到达大R用户。所以，在你没有更有效的口碑营销手段时，你到达大R用户的概率就不会高于竞争对手。那么你可以做三件事：想办法筛选出“有朋友是大R”的人群；想出更有效的口碑营销手段；采用传统广告模式去到达大R。

③ 感情保险。大R离去是做游戏最痛苦的事之一，该如何避免这一点

呢？首先我们要保持畅通的沟通，比如设有专人客服。其次对大R有超过普通用户的统计记录，主要用于减轻回档等技术问题给大R造成的伤害。最后我们要想方设法给大R提供直观的荣誉让大R带领新玩家去争取。在上文中曾经讨论过，留住玩家最有效的，是其他玩家。这里有几个要点：a. 客服对大R不能过分满足，因为人的欲望是不断膨胀的，一直满足的最终结果是无法满足。这就需要客服对大R有合理的策略和沟通方式，如果在这个方面请一些心理和谈判专家多讲几堂课，然后让客服经常分享自己的心得与教训，那么一定有超值收获。b. 游戏中的“托儿”要有正托儿和反托儿，现在很多游戏都只强调反托儿，有各种和大R比富挑衅的，却缺少和大R建立“革命友谊”的，虽然反托儿可以让大R充值更多，但也可能逼走大R，而正托儿则让大R舍不得走。“我舍不得游戏里的朋友”这句话应该是后期玩家为什么继续玩游戏的最重要理由。当你身上背负着更多责任和期盼的时候，如果你选择离开，会造成更多的失望和责怪，所以防止大R流失的最好方式，就是给大R上很多感情保险。这需要在游戏设计上给予充分的考虑。

④ 崇拜心理。时刻牢记大R的需求，被尊重和自我实现。游戏外的尊重就是客服团队的服务还有逢年过节的一些小礼物，中国讲究礼尚往来，这样会让大R觉得心里特别舒服。游戏内要设计足够多的让普通用户认识大R、崇拜大R的渠道。

（2）其他“社会角色”的心理特点

心理学上说，每个社会群体都会“进化”出字母缩写、暗语等独有的表达方式来区分“群体内”和“群体外”。例如90后的网络用语，歌迷、球迷给偶像起的昵称，通信行业的GSM（全球移动通信系统）、GPRS（分组无线业务）等。游戏行业同样有很多的暗语和缩写，免费玩家、小R、中R、大R是我们按照付费习惯分类的用户群的缩写。其含义包括：

① 微观上讲，玩家不是一成不变的，免费玩家并不一定永远是免费玩家。

② 宏观上讲，免费玩家、小R、中R、大R这些“社会角色”占游戏人口的比例和各自的心理特点是相对稳固的，需要经济、文化、科技的变革积累一定的量变才会引发质变。

③ 每个人都是一个充满个性的独立个体，虽然社会角色可以改变人们的行为，但绝不可能控制每一个个体。因此，如今我们讨论的心理特点，是基于统计学上的多数行为，不适于进行个体分析。

5.6.7 从设计心理学理解交互设计的原则

（1）可视性

正确的操作部位必须显而易见，而且还要向用户传达出正确的信息。例：加关注，如图 5.17 所示。

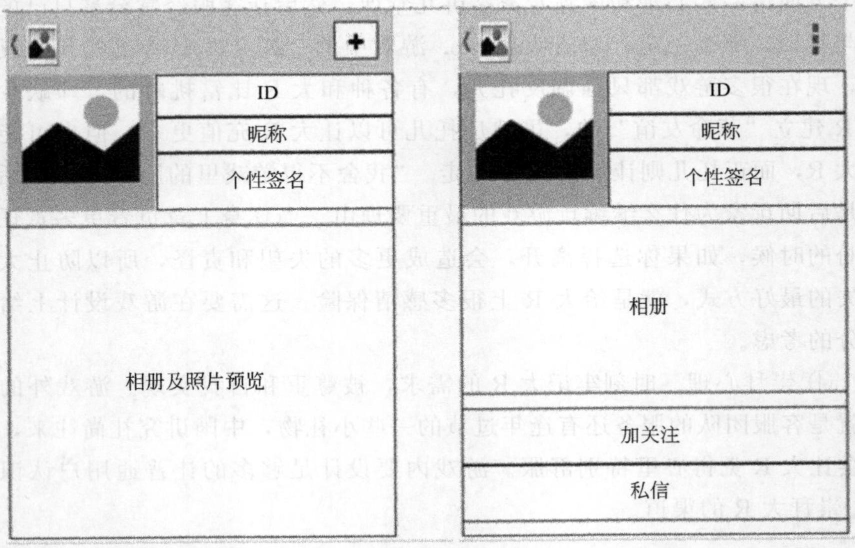

(a) 不合适　(b) 合适

图 5.17 加关注

（2）概念模式

一个好的概念模式使我们能够预测操作行为的效果。例：发博客，如图 5.18 所示。

（3）自然匹配

设计出让用户一看就明白如何使用的产品。例：查看下一篇文章，如图 5.19 所示。

（4）反馈原则

向用户提供信息，使用户知道某一操作是否已经完成以及操作所产生的

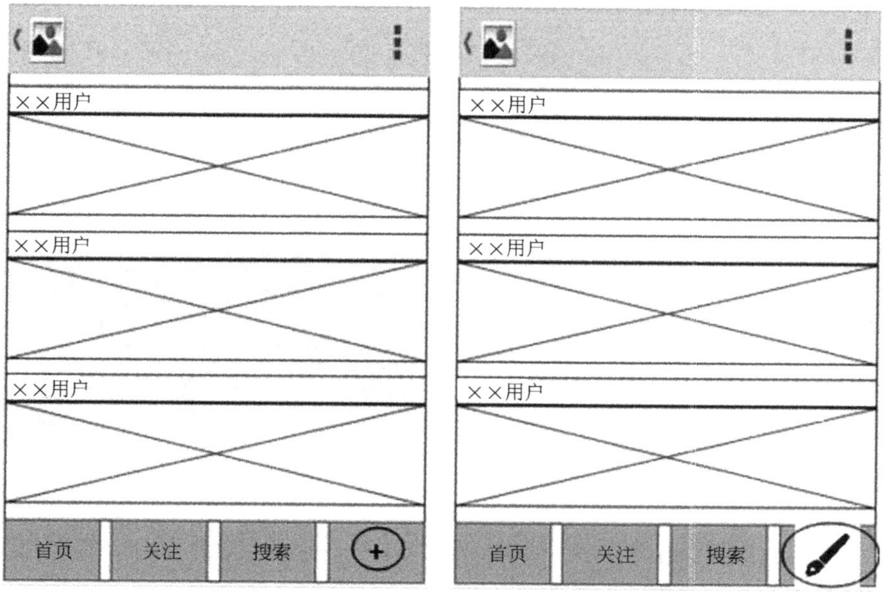

(a) 不合适　　(b) 合适

图 5.18　发博客

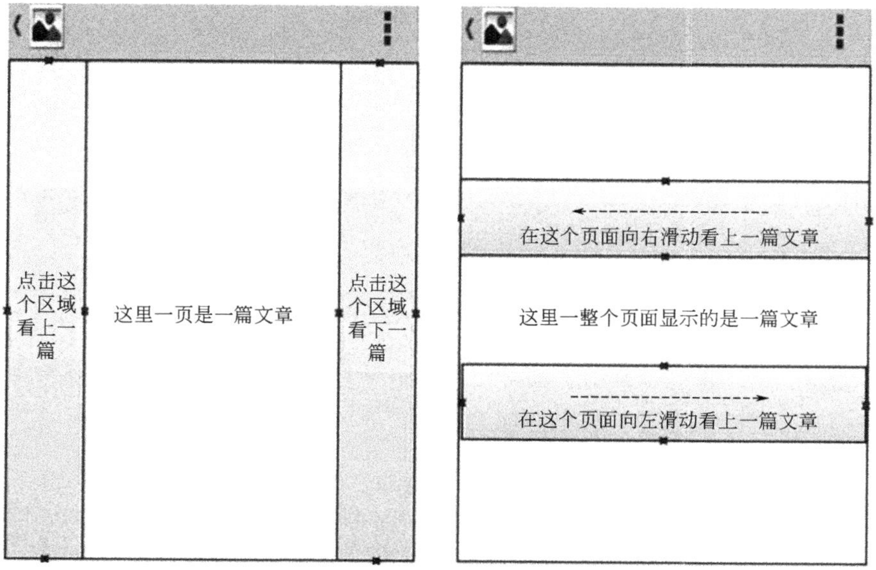

(a) 不合适　　(b) 合适

图 5.19　查看下一篇文章

结果。例：加载信息，如图 5.20 所示。

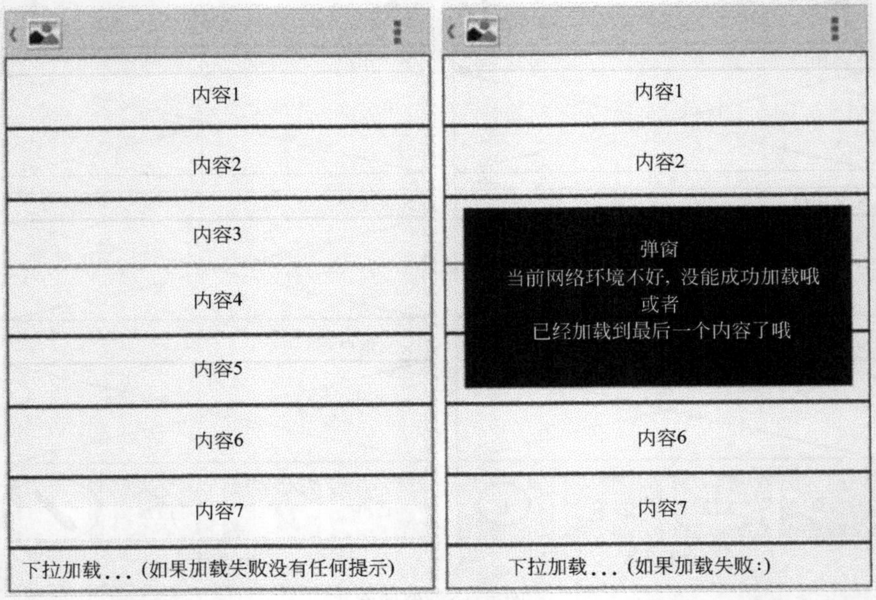

(a) 不合适　　(b) 合适

图 5.20　加载信息

（5）限制用户的行为

增加行为实现的难度。例：删除好友，如图 5.21 所示。

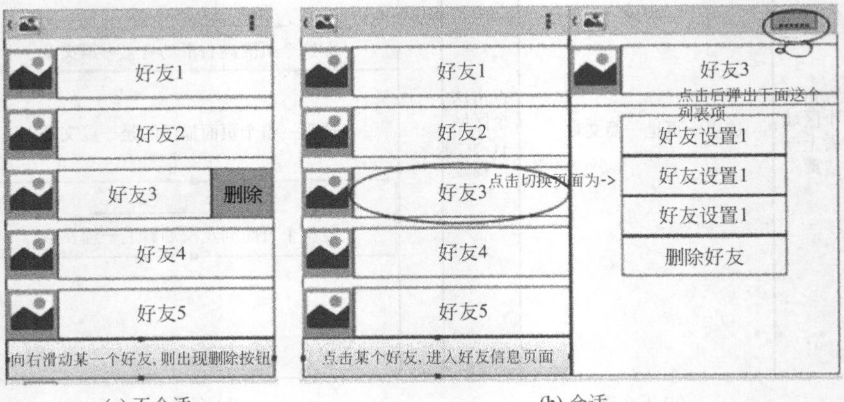

(a) 不合适　　(b) 合适

图 5.21　删除好友

5.6.8 中央凹与边界视野——如何呈现信息以获取注意力

人眼主要通过视网膜成像。视网膜中的视锥细胞大约占视网膜面积的1%，主要集中在中央凹中，在中央凹之外（称为边界视野）视锥细胞分布的密度很低。边界视野中主要分布的是视杆细胞，大约占视网膜面积的99%。中央凹处的成像最清晰、分辨率很高；而边界视野分辨率极低，人眼在边界视野处基本处于“失明”状态，所见的东西跟通过覆满水雾的浴室门看东西的效果一样。这是因为在中央凹处每个视锥细胞都与一个神经节细胞相连，神经节细胞是视觉信息处理和传导的起点；而在边界视野中，一个神经节细胞会与多个视锥细胞和视杆细胞相连。虽然中央凹仅占视网膜面积的1%，但是大脑皮层中负责处理视觉信息的部分中有50%是用来接收来自中央凹的视觉输入。

中央凹并不大，当用户与电脑屏幕的距离正常时，它在屏幕上只有1～2cm的大小。中央凹成像的区域就是我们的眼睛的注视点，因此我们每个瞬间看到的景象都只有注视点是清晰的，其他区域非常模糊。既然边界视野的分辨率这么低，为什么我们会觉得自己所见的景象其实全都很清晰呢？这是因为我们的眼睛注视点会以每秒三次的速度快速跳动，有选择性地对周围环境进行注视，大脑再根据这些视觉输入和我们已有的经验去填充视野的其他部分，让我们能够对周围环境形成一个足够清晰的感知。

除此之外，在视网膜中还有一个叫作盲点的存在。盲点是眼球中视觉神经和血管的出口，在这个地方没有视锥细胞和视杆细胞，无法感知任何光源。也就是说当我们注视着一个地方时，周围环境中会存在一个使我们无法“看到”的点，我们之所以无法感知是因为双眼球的存在以及大脑的自动“脑补”。边界视野看东西很模糊，但是也有其不可替代的作用。它能够发现周围环境中的关键信息，一旦发现这种关键信息，它就会引导中央凹去仔细查看这个信息。人的边界视野对运动的物体非常敏感，这是自然进化形成的。边界视野还有一个特殊功能，就是能够在黑暗环境下很好地工作——视锥细胞习惯高亮度，而视杆细胞更适应黑暗环境。所以在黑暗环境下，不直接注视物体反而更能够看清楚。

5.6.9 格式塔原理——如何处理不同界面元素的关系

我们获得的视觉输入是独立的点、线和区域，然后我们会在神经系统层面上将这些信息知觉为整体的形状和物体。

（1）接近性原理

在位置上相互靠近的物体倾向于被感知为一组。如 iOS 系统的设置，通过位置亲疏关系来体现分组，如图 5.22 所示。

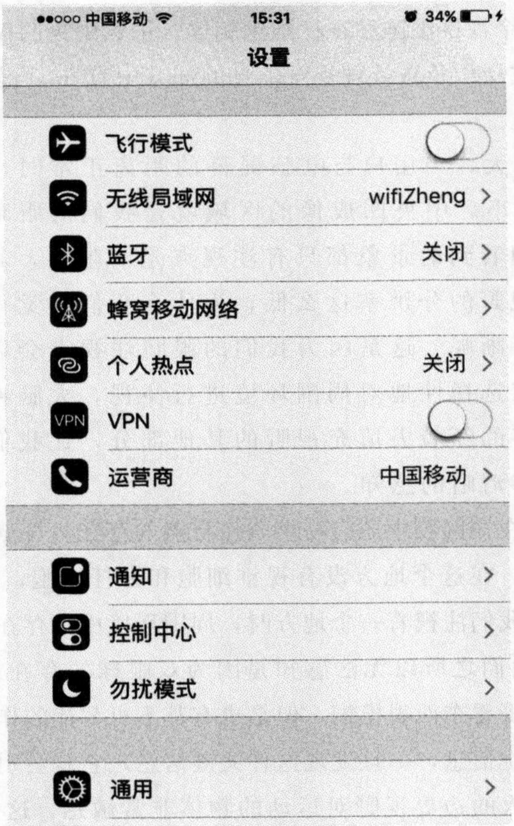

图 5.22　iOS 系统分组

（2）相似性原理

看起来相似的物体倾向于被感知为一组。如支付宝首页的元素虽然很多，但是根据相似性可以清晰地分为几组，如图 5.23 所示。

图 5.23 首页的元素

（3）连续性原理

我们倾向于将线条和形状感知为连续的整体。典型的例子是 IBM 的 LOGO 设计，我们并不把这些元素感知为独立的横线，而是感知为整体的字母，如图 5.24 所示。

图 5.24　IBM 的 LOGO 设计

交互上典型的例子是滑动条，如 iOS 系统的亮度调节，我们不会把左右两边视为独立的横线，而是会在心中把它们连接起来，视为一个整体，如图 5.25 所示。

图 5.25　iOS 系统亮度调节滑动条

（4） 封闭性原理

与连续性原则相似，我们倾向于将分散的元素感知为封闭的物体。图5.26是印象笔记PC与Mac端多选笔记的显示效果，我们会将后面的线条视为一个封闭卡片（代表着一个笔记）的一部分，而不是视为独立的非封闭图形。

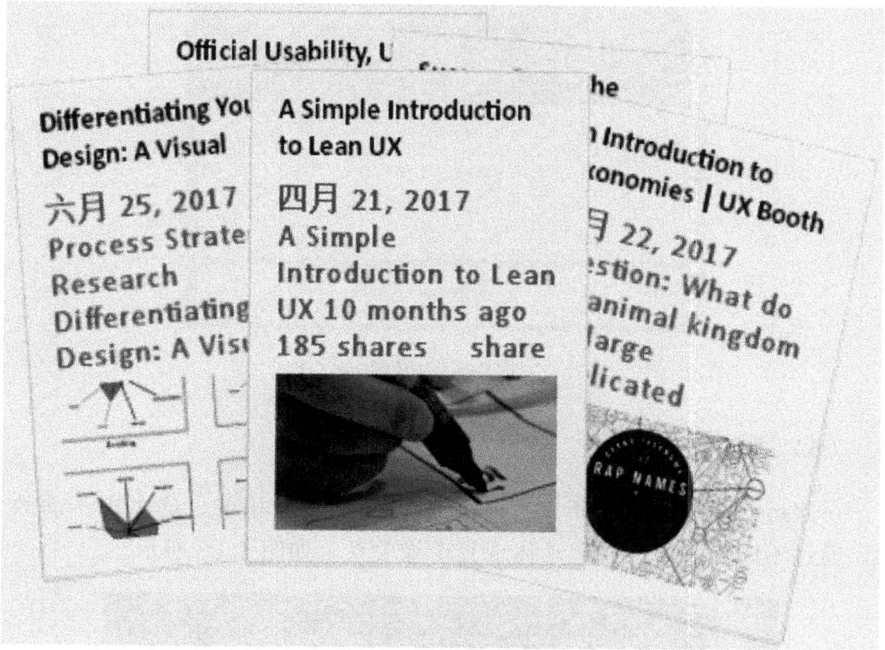

图5.26 多选笔记的显示效果

（5） 主体/背景原理

我们倾向于将元素区分为主体和背景，其中主体占据了我们主要的注意力。iOS系统的选项菜单、toast（消息提示框）、对话框等都利用了这个原理，将用户原本操作的界面作为背景，而将当前需要用户去关注的信息作为前景，如图5.27所示。

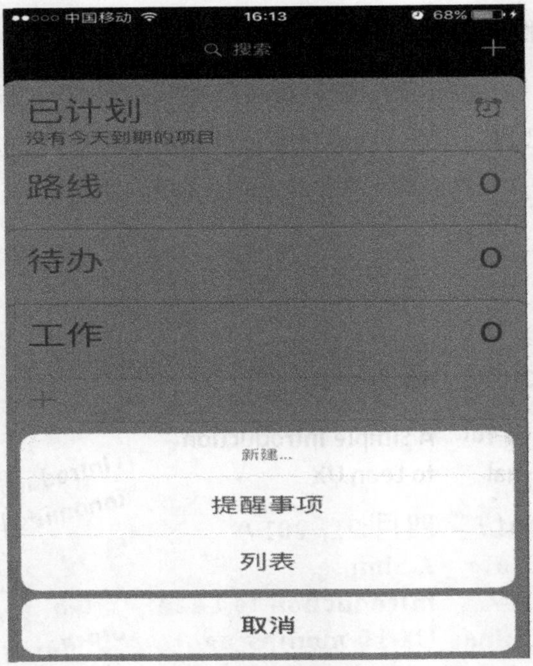

图 5.27　界面

（6） 共同命运原理

一起运动的物体倾向于被感知为一组或者彼此相关。这多用于动效设计，通过不同元素的共同运动体现其亲缘关系，如图 5.28 所示。

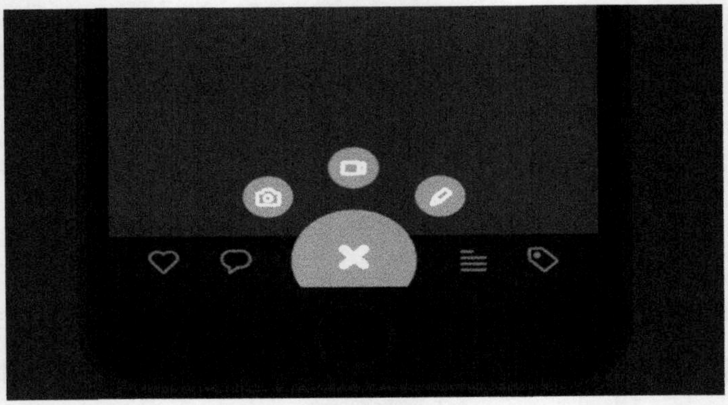

图 5.28　不同元素的共同运动

几种格式塔原理之间并不是相互独立的，在设计中往往需要综合运用。

5.6.10 时间感知——如何让应用具有高响应度

（1）交互系统的响应度

一个交互系统的响应度，即能否告知用户当前的状态而不需要他们无故等待，是影响用户满意度的最重要因素。如表5.1所示，列出的是与人机交互有关的一些时间间隔，以及与之对应的认知原理。

表5.1 交互系统的响应度

时间底线	设计要素	认知原理
1ms	同一段音频中断时间	人的听觉系统能感知到1ms以上的声音间隔
10ms	手写输入时字符出现延时	人能够注意到超过10ms的“笔—墨”时延
100ms	1. 对点击的反馈时延不要超过100ms，否则需要提供忙碌状态 2. 拖拽或调整大小的反应时延 3. 两段音频之间允许的交叉时间 4. 流畅动画中帧与帧之间的最长时间间隔	1. 事件之间间隔100ms之内，才可被辨认为因果关系 2. 一个事件发生后大脑皮层需要大约100ms的时间才能接收到信息，因此超过100ms的反应时延会使我们无法很好地完成手眼协调操作 3. 声音重叠在100ms内时，大脑能够对其重新排序所以感受不到重叠 4. 每秒10帧会让人感到流畅，真正的流畅需要达到每秒20帧
1s	1. 完成用户的请求或者自动执行的操作，在1s内不能完成的操作需要提供进度条 2. 呈现信息后预留给用户反应的时间	1. 人机对话中沉默时间一般不超过1s，因此人机交互中也不能有超过1s的未响应 2. 人从注意到一个非预期的事件到对这个事件作出反应需要约1s的时间
10s	完成每个交互子任务可以消耗的时间，任务超过10s才能完成时，需要将其拆解为多个步骤	10s大约是人们能够较为专注、不被中断地完成一项任务的时间，人们倾向于把大块任务拆解为这种量级的子任务

除了让系统反馈保持在要求的时延之内，还有一些提高响应度的方法：进度条需要让用户感到系统正在运作，并且清楚进度和需要等待的时间，不要一直停在99%，也不要只显示已完成而忽略未完成。尽量不要在单位子任务内发生延迟，因为用户会将任务拆解为子任务，完成每个子任务期间，用户都是处于高度专注的状态，此时发生延迟影响较大。如果加载需要很长

时间，先渲染出重要信息让用户看到。利用空闲时间先做些事情，不要等待用户发出指令后才开始慢吞吞地行动。

（2） 意识与无意识——别让用户思考

人脑可以认为是由三个部分组成：旧脑、中脑和新脑。旧脑主要由脑干组成，掌管着人的本能反应和身体的自动调节功能。中脑位于旧脑之上新脑之下，控制着情绪反应。新脑主要由大脑皮层组成，掌管着意识活动。我们的思维可以分为两种：由旧脑和中脑产生的无意识的、自动化的、情绪化的思维，称为系统一；由新脑产生的有意识的、理性的思维，称为系统二。系统一只会根据自己已知的东西做判断，不在乎逻辑性和准确性，并且反应快速，它在大部分情况下都运作良好，因此也不需要系统二出马。系统二掌管的是更加高级的认知能力，它往往在系统一无法做出合理反应，或者我们对反应结果的要求比较高的时候，才会亲自出马。系统二运作的成本较高，需要进行有意识的监控并消耗有限的注意力资源，并且只能按照顺序一件一件完成。相比之下系统一的运作就轻松得多，也允许“多线程”操作。举个例子：当你早晨刷牙时，几乎不需要费力去想如何完成这些事情。因为这些是你已经习得的行为，只需要使用系统一就能够完成，你甚至可以一边唱着一首熟悉的歌曲，一边给自己做早餐。但是，要用到系统二时，比如算一道数学题，背出30个人的名字，决定今天中午吃什么，我们就会开始觉得这些事情有难度，它需要消耗我们的认知资源。这些知识给交互设计的启发是，尽量让用户使用系统一就能够完成操作，尽可能少消耗用户的认知资源，这样用户会觉得系统很易用。尽量保持用户已有的操作习惯，让用户使用以往的经验，不需要重新学习，就能完成任务。

用户对软件系统存在很多图式（即schema，是认知的基本单元，用于解释感知、调节行为和存储知识），所以他们往往根据对特定界面或控件的特定期望进行反应，而不仔细去看实际显示在界面上的内容。如果某个元素的设计符合用户对按钮的图式，用户就会认为它可以点击；如果用户的图式中对话框的确定操作在右边而取消操作在左边，他可能在意识到你调换了操作位置之前就已经完成了点击。我们要减少消耗用户的认知资源，就需要去了解、遵循用户已有的图式，以及在应用中建立稳定的图式，这也是为什么我们需要在设计中遵循一致性原则。不要让用户去思考：A跟B的概念有什么区别？为什么没有反应？我到底操作成功了没？找不到删除订单的操作，它应该在哪里？这个东西选中后会有什么效果？用户对这些事情想得越多，就说明系统越难用。用户的注意力是有限的，应该尽量减少用户对工具的注意，这样他才能全神贯注去完成他的目标任务。

5.6.11　记忆的局限——如何降低工作记忆负担

人的记忆分为短期记忆和长期记忆。短期记忆也称工作记忆，是为了完成任务而临时储存的信息，一般保留几分之一秒到几秒。长期记忆是我们“记住”的东西，长期记忆包括但不等于“永久记忆”，保留时间也可能只有几分钟、几天、几年。长期记忆对应着神经系统的某个活动模式，参与该模式的神经元通过突触建立联系，神经元上的这种变化可能是长期的甚至是永久的。神经活动模式可以被再次激活，这就是我们回忆的过程。神经活动模式如果经常被激活，其联结也会变得越来越稳固，这就是为什么经常复习有助于巩固知识。

工作记忆是感觉、注意和长期记忆留存现象的组合。来自人体各个感觉器官的信息会被短暂地存储下来，其中一部分可以被注意到，进入到工作记忆中。长期记忆中的内容也是工作记忆的候选来源。注意机制负责对感觉和激活的长期记忆进行筛选，因此进入工作记忆中的信息都是被我们注意到的部分，是属于上一部分所述的系统二的工作。我们一次只能注意一件事，如果你觉得你能同时注意两件，那是因为你在两件事之间快速地切换你的注意力。工作记忆的容量有限，大约是 4±1，即我们能够同时记住的互不相关的东西的数量在 3～5 之间。此外，工作记忆还非常不稳定，如果我们将注意转移到新事物上，之前工作记忆中的内容就可能遗失。

避免使用模式，即避免同个操作在不同模式下有不同的效果。用户常常会忘记当前处在哪个模式下，因此很容易犯错。除非在使用模式时非常清晰地将模式标示出来。让用户知道他使用的搜索词是什么。每个页面应该只有一个行动召唤按钮（Call To Action），避免干扰用户注意。提供操作提示和帮助时，不要一次呈现太多信息，用户记不住。层级低的导航更好用，因为用户会忘记自己所处的位置。

5.7　设计心理学在视觉传达设计中的应用

伴随着现代社会的快速发展，如今的网络技术也日益发达，并且在现代设计专业方向可以进行的艺术设计更是数不胜数。设计者为了将这些设计好的艺术作品传达给大众，设计者首先会从视觉角度入手，然后利用视觉心理学分析受众的心理，通过科技手段呈现一些冲击人眼球的画面和图像，给受众留下深刻的印象。视觉是思维活动的一种体现，是人们看到某些画面时当即产生的反应，这是一个比较直观的过程，但是视觉心理学则是外部事物通过视觉器官引起的心理学反应，这是一个由外向内的复杂过程，由于外界影像丰富多彩，而内心心理复杂难辨，两者是可以相互转化并借此发生千丝万缕关系的，不同影像、不同的人，相同影像、相同的人以及不同影像、相同的人和相同影像、不同的人产生的心理反应是不一样的。当然还有共同的反应，它是基于外在的影像特征和民俗文化特征以及地域因素等在不同程度上会对部分群体产生相同的心理感应，如雨后彩虹，人们一般都会感觉到美丽。所以视觉心理学具有神秘性，设计师们通过视觉心理学不仅拓展了自己的思路，也给视觉传达设计增加了很多的趣味性，如图 5.29 所示。

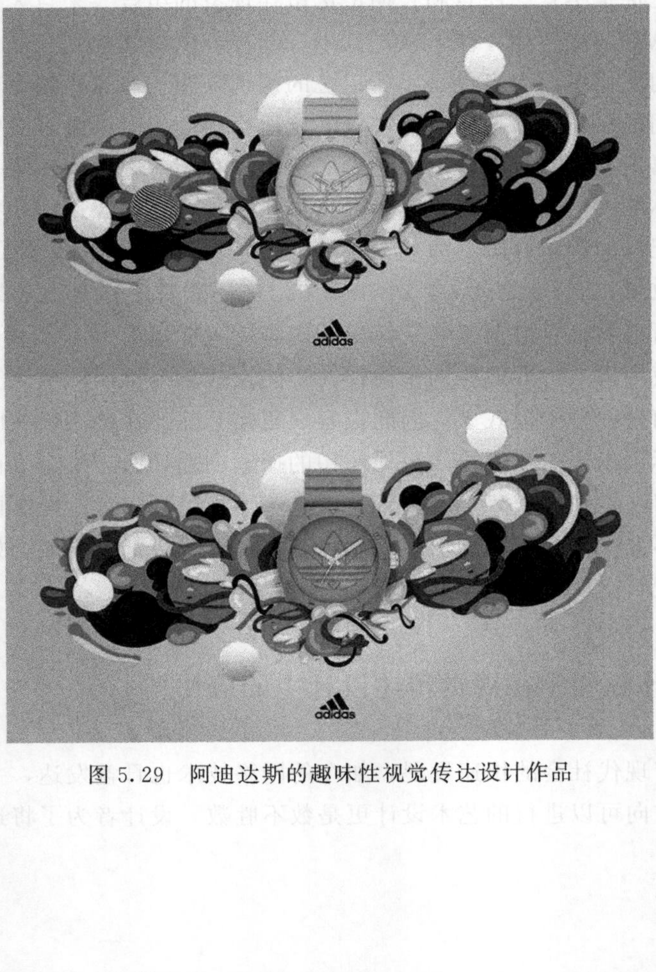

图 5.29　阿迪达斯的趣味性视觉传达设计作品

5.7.1 视觉传达设计与心理情感的关系

心理情感表现是对于视觉传达设计师而言的一种设计人性化的新的表现。伴随着现代社会的科技和经济的高速发展，紧接而来的是人与人之间感情的缺失，距离的疏远，心理情感的冷漠，这些现象已经引起的很多有关专家学者的关注，作为视觉传达设计师，所要面对和思考的是如何设计具有关注人性和情感的作品，如图5.30所示，使人们一边接受视觉传达设计作品传递的信息的同时还进行着情感的交流，从而获得喜怒哀乐等各种不同的情感，来缓解冰冷淡漠的社会关系。

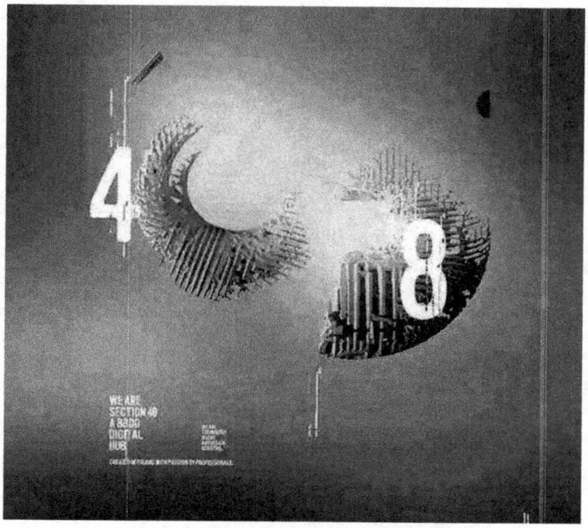

图5.30 人性和情感的作品

（1）视觉心理学的概念

视觉心理学是一个细化的分类，主要是指外界影像通过视觉器官引起的心理机理反应，是一个由外在向内在的过程，这一过程比较复杂，因为外界影像丰富，内心心理机能复杂，两者在相互连接并发生转化时建立起了千丝万缕的联系。比如，同样看到一朵花，人开心时觉其艳丽，伤心时觉其凄婉；同一处风景，初来之人欣赏其美丽，久住之人感觉其平淡等。当然，也有一些共同的反应，它基于外在影像特征和民俗文化特征以及地域因素等在不同程度上会对部分群体产生相同的心理感觉或反应，比如雨过天空出现彩虹，人们普遍觉得美丽；看到现代机械设计的图像，有的民众觉得恐惧，有的民众感到崇拜和骄傲等，如图 5.31 所示。视觉心理学对于美学的研究意义重大。“感时花溅泪，恨别鸟惊心。”便是视觉心理学的典型，其在美学意义上引起的诗意感觉令人赞叹。

图 5.31　现代机械设计的图像

视觉传达设计与心理情感之间不仅取决于“用”的结果，还与过程感受密切相关。其次，视觉传达设计中心理情感表现有多层次性，如感性的心理情感与理性的情感。既能有那些直接通过感知引起人们生理变化产生感性的心理情感；也有与更深刻的社会意义相联系而产生的更高层次的理性的心理情感。最后，视觉传达设计中心理情感具有多样性的特点，由于其复杂的目的性，其可能激发不同类型、不同层面的心理情感体验。

广告是信息传播的有效载体，也是以吸引人的注意力从而形成诱导、劝服与改变某种观念的一种手段和策略。在广告设计中，将心理情感融入其中，更能够达到打动人心的效果。由此可见，在从视觉传达设计的表现手法上，以美好的心理感情来烘托主题，真实而又生动地反映这种审美心理感情，发挥艺术感染力，增加强大的视觉冲击效果的设计作品将成为主流和趋势，如图 5.32 所示。

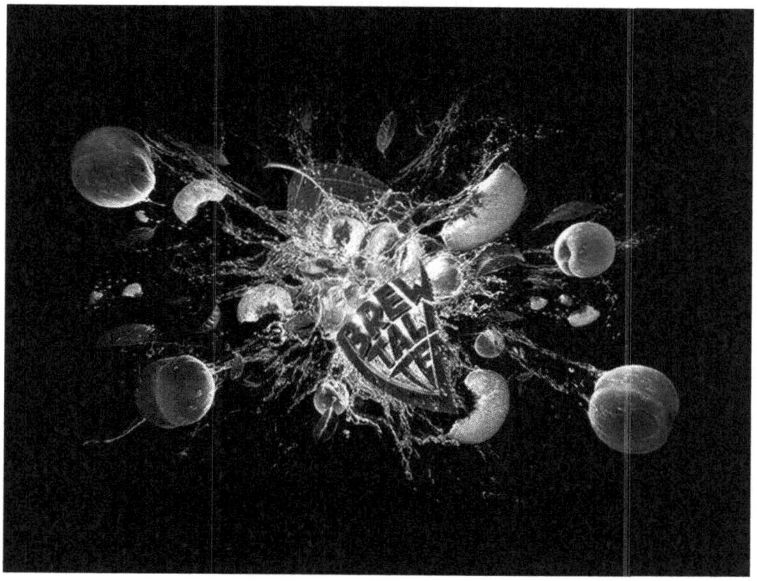

图 5.32　视觉冲击效果强大的设计作品

（2）商标设计的消费心理情感

商标设计要求简单、容易记住、跟产品沾边。通过视觉感官刺激人的大脑认知，使得消费者看到画面时心里多少有些触觉，印象较文字深刻，一些个性化的商标会刺激消费者内心个性的追求，从而产生购买欲望。就像有些消费者，看到一个独一无二的首饰之类的东西，总想买了展示给他人看，这也是虚荣心的体现，是现在消费者普遍存在的一种心理情感现象。

5.7.2 视觉传达设计的消费心理作用

① 利用广告的传播功能。广告将各种信息及时传递给消费者，帮助消费者产生了解商品和劳务的心理。

② 利用广告的诱导功能。广告人通过各种喜闻乐见的形式，激发消费者的购买欲望和动机心理。

③ 利用广告的便利功能。广告通过各种媒体，及时，反复地传播商品信息，便于消费者搜集有关资料，在购买行为之前做好充分的准备，通过信息的广泛搜集和客观处理，作出合理的购买决策，从而节约购买时间，减少购买风险。

④ 利用广告的促销功能。广告通过介绍商品和服务，把有关信息传递给目标市场的消费者，希望消费者引起注意加深对商品的认识，形成好感并产生兴趣，激发购买欲望，增强购买信心，提升其消费心理，从而有效地促进商品的销售。

5.7.3 人怎会变成“狼”？——心理学案例分析

（1）心理现象实例

历史记载，1920 年在印度发现的 8 岁的狼孩卡玛拉（女性），其身体外形与人不同，特点是：四肢长得比一般人长，手长过膝，双脚的拇指也稍大，两腕肌肉发达；骨盆细而扁平，背骨发达而柔弱，但腰和膝关节萎缩而毫无柔韧性。她有明显的动物习性：吞食生肉，四肢爬行，喜暗怕光，白天总是蜷缩在阴暗的角落里，夜间则在院内外四处游荡，凌晨 1 时到 3 时像狼似的嚎叫，给她穿衣服，她却粗野地把衣服撕掉。她目光炯炯，嗅觉敏锐，但不会说话，没有人的理性。

（2）心理意识与行为的转变

人们不禁会问，这位 8 岁的女孩，她原来是人呀，怎不具人的禀性变成“狼”了呢？这一实例有力地说明了社会生活对人的心理发展的决定性意义。由于这位女孩自幼落到狼群中，由狼群喂养长大，有长达 8 年的时间在狼群中生活。虽然她有人的遗传基因，具有人的一切外貌特征、生理机构和感觉器官，确确实实是由人生育出来的，但她没有一般人的心理机能和理性思维能力。这是因为她自幼脱离了人的社会生活，虽然生下来就具备说话的器官，但没有同人们接触，没有同人们进行交往，所以不懂得人类的语言；虽然她有人的脑，但没有在社会中生活，没有受到社会文化环境的熏染，没有得到正常的发展与训练，所以无法形成人的心理现象和精神世界。相反，由于她长期过着野兽的生活，在兽群的生活环境中，原有的那些人的神经组织发生了萎缩，身体的特征也发生了一些变化，时间越长，其狼的特性就越多，这就是使人慢慢变成“狼”的原因。可见，仅有人健全的脑，若离开人的社会生活环境，人的心理也不可能正常发展。狼孩卡玛拉被带回人群中生活后，经精心护理和培养，逐渐恢复了正常人的心理状态。

这种心理状态的转变映射了消费者消费心理的养成与转变，当一个消费者从潜在消费行为转为现实消费行为时，恰似“狼人”离开人的社会生活环境，进入狼群之中，随着生活境遇的转变，开始适应狼群生活，一切外貌特征和感觉器官，以及心理机能和理性思维能力都在向狼转变。处在潜在消费者心理的消费者经过广告行为的影响，逐渐开始适应“狼群生活”，向现实消费者进行转变。当转变为现实消费者之后，随着购买行为的频率加快加大之后，进一步转变为消费忠诚者，真正的转变成了“狼人”，这种转变过程是视觉传达设计需要研究的。

5.7.4 从“拾柴火”看心理性格模式——心理学案例分析

（1）心理现象实例

在心理学的研究中，曾有人设计“拾柴火”的自然实验，实验对象是保育院的40个学生。实验是在冬天晚上进行的。实验者把湿柴放在附近的棚子里，而把干柴放在较远的山沟里，要求学生必须在晚上去拾柴生火取暖，自己则隐蔽在一旁观察孩子们的动静。冬天的黑夜是寒冷而可怕的，结果发现有的孩子是兴高采烈到山沟里去了；有的则边走边发出怨言；有的不敢走远，只是到附近的棚子里去取湿柴。后来实验者对他们讲了有关勇敢者的故事，于是到山沟里取柴的人渐渐多了。经过几个月的教育和观察，发现有20个孩子发生了较大的变化。由此了解到孩子们的性格差异，有的勇敢主动，有的畏缩图方便；有的动摇，有的则是胆怯。而他们的性格是可以通过教育改变的。

(2) 心理意识与行为的转变

由以上实验可以看出孩子们对待冬天夜晚取柴以便烤火取暖这相同的客观现实，各人的态度不一样。有人不怕黑、不怕冷，高高兴兴到山沟里去取干柴；有人虽然也去山沟，却嘟嘟囔囔不愿意；有的怕黑又怕冷，图方便就近取湿柴等。可见每个孩子对待相同的事情会产生不同的态度，因而采取的行为模式也不同。在心理学中将他们这些态度和行为称为性格特征。用视觉传达设计术语说，消费者的性格是一个人对现实的购买态度和购买行为方式中稳定的购买心理特征。所谓对现实的购买态度，反映了人们追求什么，拒绝什么，表明人们购买活动的心理动机和方向。而购买行为方式即在其购买态度下与之相适应的购买行动，即指人们如何去追求他所要得到的事物，如何避免他所要拒绝的事物，并且这种态度是稳定的，购买行为方式也是习惯化了的购买行为模式。

5.7.5 格式塔心理学美学“异质同构”在视觉传达设计中的应用

(1) 格式塔心理学的基本原理

格式塔心理学诞生于1912年，它强调经验和行为的整体性，反对当时流行的构造主义元素学说和行为主义“刺激-反应”的公式，认为整体不等于部分之和，意识不等于感觉元素的集合，行为不等于反射弧的循环。格式塔心理学可以说是形的心理学。

格式塔的德文是“Gestalt”，意译为“形”“形状”“形态”。它源于动词“gestalten”，意为“构成”“形成”的方式和内在因素。在格式塔心理学家看来，自然而然经验得到的现象都有一个基本特点：即自成一个格式塔，格式塔是一个通体相关的有组织的整体，它不是部分之和，而部分也不含有整体的特性。格式塔包括两层含义：一是指事物的形状或形式；二是指一个实体对知觉所呈现的整体特征，即完形的概念。格式塔可细分为几何的格式塔、经验的格式塔两类。几何的格式塔是指体现一定几何图案的格式塔，即呈现最简单的可能发生的形态。经验的格式塔是按照动态规律形成的心理整体，其最重要的原理是完形趋向原理，最有意义的形态的格式塔趋向，则是经验的格式塔。

(2)“异质同构”在视觉传达设计中的应用

图形不是单一以审美为目的的一种装饰，而是在特定思想意识支配下的对某一个或多个元素组合的一种蓄意刻画和表达形式，有时是美学意义上的升华，有时是富有深刻意义的哲理给人们以启示。“异质同构”中对设计符号的组合和转换，经常被运用于标志设计、海报设计、招贴广告、字体设计、包装设计等领域。

日本设计师福田繁雄是将异质同构的设计理念，以视觉符号的形式呈现在其海报作品中的先驱。在福田繁雄许多的海报作品中，可以看到他对该设计原理的巧妙运用。置换是其运用异质同构设计理念的一种表现形式，是指选择一个常规、简洁的图形为基本形态，保持其骨架不变，再根据创意，置换新的元素，组成新的形态。这种表现手法，虽然物与形之间结构不变，但逻辑上的张冠李戴却使图形产生了更深远的意义。其要点是借助一个基本形态，在保持基本形原来主要特征的前提下置换新的元素以完成再创造。

如福田繁雄《F》海报系列，主画面为福田名字的首字母“F”，对该字母进行变化。该系列不同于“贝多芬”系列中以发部轮廓为基本形态，在其轮廓内部根据主题内容进行图形元素的置换，而是以“F”为基本型，作者对其以往在众多平面作品中惯用的图形符号或表现方式进行的重现。如矛盾空间、图底反转等错视原理和手法的运用，坐着的女孩和奔跑着的动物形象的运用等。使其作品打上福田的符号，成为其异质同构中的又一代表性作品。

(3)“异质同构”对现代视觉传达设计的启示

“异质同构”对现代视觉传达设计的启示主要体现在其对设计形态的影响上。形态是设计的第一要素，对于设计师而言，对形态的理解与把握尤为重要。所谓形态，是指其内在的组织、结构内涵等本质因素上升到外在的表象因素，通过视觉而产生的一种生理心理过程，是“形”的物理因素经由人的生理、心理、精神作用而得出的一种对“形”的整体的理解与把握。我们所说的“完形”与格式塔心理学中的“完形”在抽象意义上有相似之处，格式塔心理学中关于“完形”的科学理性的分析对于设计的理解与分析有较大帮助。无论自然物还是人造物的形态多么复杂，在几何意义上都可归纳为点、线、面、体四个最基本的单位。

20世纪50年代，斯坦贝克（Saul. StEinberg）以他系列的黑白线描作品展示了他独特的艺术才华。在西方国家，凡对艺术关注的人无不知晓这位绘画大师的名字，因为他的绘画艺术已经完全从传统的现实主义手法上升为一种有意识的对形的研究——同构。即把不同的，但相互间有联系的元素，例如可能将矛盾的对立面或对应相似的物体，巧妙地结合在一起。这种结合，不再是物的再现或并举在同一画面而是相互展示个性，将共性物合而为一，将天地、空间相互利用，给人以明了、简洁、亲切、悠然而又周到的印象。

同构图形的概念强调美学质量，要求构成体自然而又合理，同构图形还体现了“相互统一”的观念，这个观念指的是合理地解决物与物、形与形之间的对立矛盾，使之协调统一，如图 5.33 所示。同构图形强调“创造”的观念，同构图形不在于追求生活上的真实，而是更注重视觉意义上的艺术性和合理性。

图 5.33　机械的异质同构体现

5.7.6 艺术的感染力的心理感情因素

(1) 标识设计中对心理情感理念的体现

标识是具有象征意义的视觉符号，以特定而明确的图形、文字、色彩等造型元素和“言简意赅”的造型艺术形式来表示事物、象征事物的内涵。如在2010年广州亚运会对中国传统文化“羊”的设计中，“羊”是吉祥物，更是中国传统文化美学符合，既能够体现广州（五羊城）的城市象征，还能够传递美好的愿景，从而增强其文化情感，如图5.34所示。

图5.34　2010年广州亚运会标志

（2）心理情感理念在视觉设计中作用

“感人心者，莫先于情”，一个好的视觉传达设计作品必须具有生命力，能与观赏者进行视觉对话，有生命力最重要的一点就在于它的心理情感表现。视觉传达设计和心理情感理念的契合能有效地传达受众的兴趣、修养，甚至人生观、价值观等信息。心理情感理念在视觉传达设计中的运用，突破了物质和精神之间的隔离，把对人们心理情感的关注融入设计当中，以有形的物质形式承载了无形的寓意，如图5.35所示。

（3）交融和共生

视觉传达设计与心理情感两者缺一不可，视觉传达设计本身并非只是针对消费者或是使用者的需求，其更想表达的是设计者与受众在情感上的沟通

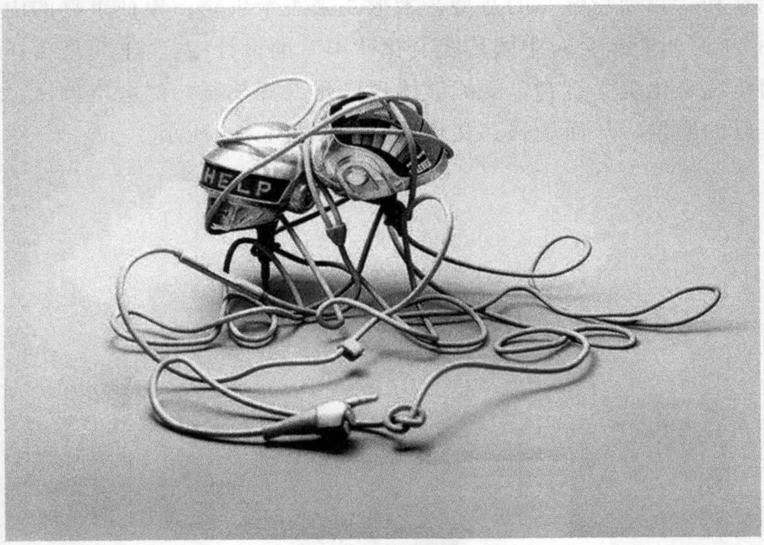

图 5.35　富有心理情感的设计作品

与互动。交流本身也是设计的过程，设计是在不断交流的过程中完成的。心理情感化设计使得设计作品和人类的心理情感相互依赖相互共生，如图 5.36 所示。

图 5.36　情感理念设计作品

（4）互动

互动是视觉传达设计的情感表现的一个特点，设计师通过对设计作品“情感化”因素的注入，赋予的心理情感是不可测量和量化的，而是需要靠人的心灵去感受和体验的，以产生互动，人们通过直接与设计作品之间的交互作用感受物的特质和属性，并产生相应的心理情感体验，而这些心理情感体验同时也能反过来影响人与设计作品之间的交互行为，由此引发的心理感动，这就是设计最有魅力的地方，如图 5.37 所示。

图 5.37　情感化设计

（5）刺激和回忆

情感是外界刺激的反映，人们在现实生活中感知过的事物，思考过的问题，练习过的动作，体验过的情感等，事情经过之后，在一定条件的影响刺激下，这些痕迹仍然能重新活跃，并作为经验来参加以后的心理活动中去，这便是刺激回忆。人们对于物品喜好和珍惜程度，往往取决于这个物品所能唤起的“情感回忆”，而这也正是怀旧设计风潮长盛不衰的原因之一。如图 5.38 所示，作品左出血式构图设计构图，视觉刺激比较强烈，会产生很强的向右冲出的视觉心理感受。

图 5.38　左出血式构图设计

图 5.39　情趣型字体设计

对艺术的感染力最有直接作用的是感情因素，审美就是主题与美的对象不断交流情感产生的共鸣的过程。情感化设计是一种着眼于人的内心情感需要和精神需要的设计理念，最终创造出令人感动的设计物，是人获得内心愉悦的体验，让生活化充满了乐趣和感动，如图 5.39 所示。总之，情感理念与视觉传达设计的融合，既能创造出设计价值的增值，也能为人们创造出一种“诗意”的环境，体现了现代人对美好愉悦的、温暖惬意生活的追求。

5.8 设计心理学在服装设计中的应用

5.8.1 感官在服装设计中的体验

（1）感官衍生的心理情感体验

客户的需求有时候体现在潜意识之中，应充分把握客户未满足的需求。当人们在挑选衣服的时候，首先关注的是服装的外形，其次会考虑使用的乐趣和效率，最后会思考服装与自身气质的匹配。这在某种程度上也说明了一件近似完美的服装成品应该满足本能、行为、反思这三种水平的设计。

服装走向市场化，是一个大众检测与审美的过程，缔造了每年的流行趋势，展现了感官所衍生的情感体验选择。大众审美的差异性促使服装每年流行色、流行款式别具一格。设计师将自己的情感融入自己设计的服装中，能够提升服装的亲和力，同时也能促使服装走向更广的市场。

（2）服装搭配的情感体现

唐纳德诺曼认为美观的物品更好用，迷人外表的东西使用起来更加顺手。在服装设计中，美观可以提升产品的销售率，当然我们也可以尝试视错觉带来的情感体验，甚至是借助负面情绪来引起更多人的注意。现代服装设计中，为满足更多人的需求，大胆的尝试会带来不同的审美体验，不同的搭配也会带来不同的情感体验。例如：牛仔短外套，内搭一款素色连衣裙，体现出简约时尚之感，拥有一种清新优雅之情在其中。翻领设计的牛仔衬衫，搭配开衩设计的包裙，优雅迷人，休闲之风带来一种超脱自然地享受。白色T恤搭配牛仔背带裙，配一双白色帆布鞋，凸显清新校园风，给人一种阳光的感觉。不同的搭配会营造不同的感受，对于细节配饰的设计，当代服装似乎没有曾经那么多复杂的小翻领设计、破洞设计、刺绣图案设计以及时尚绑带设计，新一代年轻人涌现出一股崇尚简约之风的服装搭配思潮，更加青睐于简约美带来的享受。但我们依然可以从个人自主搭配的服装款式看出一个人的性情，由于个人审美存在着巨大差异，因而同种牛仔材质的服装在不同的人身上会搭配出不同的风格。

5.8.2 视觉在服装色彩设计中的应用发展

(1) 色彩的寓意

中国传统服装将鲜艳的大红色或者暗红色作为服装设计的主要颜色，其次是用黄色来展示皇室的威严，结合欢快的节奏，营造喜庆的局面。传统服装中，女士的上衣多以白色为主，裙子则以绯、紫、黄、青等颜色为主。中国当代服装设计中颜色的寓意有些是追随古典寓意，有些是依据设计师的内心情感进行设计，不同风格的服装，采用不同颜色来表达设计师的设计情感寓意。

(2) 色彩组合形式美法则

色彩元素包括了色彩的色相、纯度、明度等色彩属性。服装设计之中的色彩元素不仅指单色搭配也包括服装各部分间的色彩搭配。色彩是一种组合了所需颜色就能产生一定视觉效果的。人们在心理上有许多感受是与色彩相符吻合的，不同色彩的组合会产生一定的画面效果，同时会使服装增添抽象美的同时表达设计师的情感。色彩与生活联系密切，同样受到地区文化和风俗习惯的影响，所以每个地域风情，对于色彩的追求有很大区别。不同人对于色彩的感受也是不同的，当人们看到红色的时候就会想到鲜血、热情。看到黄色的时候就会想到温暖、喜悦、贵族以及野心。当人们看到绿色的时候就会想到树木小草新生的种子、春天。看到蓝色的时候就会想到宁静的大海、广阔的天空。看到白色的时候就会想到婚礼的圣洁、祭祀的庄严。从这些现象可以看出色彩的搭配是具有一定的情感性，它是一种内心的独白。服装色彩的搭配能体现出一个人气质的同时传递出新的情感。

5.8.3 听觉在服装图案选材的体现

(1) 听觉图案元素

图案元素指以印染、刺绣、提花、钉缀等各种手段在服装表面形成的抽象的或是具象的，具有形式美感的装饰符号。图案元素时代风格明显且比较容易识别，很多时候流行的重点就是某种图案元素。设计师随意勾勒的加上自己的创意，能够很好地表达当时创作的心情，这是一种无意识的感性表达。然而，大多数情况下“图案的构成是指纹样的组织及画面的构图。是根据用途将变化的纹样按照一定的骨式和规律，设计出图案画面。”单独纹样和连续纹样的不同组合及运用，会产生不同的效果。

在中国古代的服饰文化传承中，服装的图案设计往往与形紧密结合，各种龙凤纹、祥云纹被应用在达官显贵身上，各种花鸟纹、草木纹被应用于平民服装设计之中，涌现出独具特色的服装图案。图案的不同搭配，位置的不同摆放体现着不同地位人的独特追求，在古代，服装图案的应用似乎变成了体现身份地位的重要依据。同时图案也包含了古代人祈福避祸的心愿，间接表达了人们的审美与生活情趣。

（2）听觉在服装中的应用方式

听觉和视觉一样是接受外界信息的主要来源，图案的不同所产生的听觉感受也是不同的。音乐也是表现感情的艺术，声音是表达感情的媒介，属于听觉艺术，音乐欣赏是以具体音乐作品为对象，运用聆听的方式，获得精神愉悦的一种审美方式。它将有形的和无形的结合在一起，取代直观视觉情感的是强烈的音响、高昂的和声、激动的旋律所描绘出的感情。尽管音乐与服装存在着“剪不断，理还乱”的关系，但它们毕竟属于不同的形式。音乐符号即图案，将音乐构思、音乐情感、音乐图案作为服装设计的元素，这种借鉴可以产生不同的听觉心理感受，如图5.40所示。在服装图案上，符号是音乐中唯一的可视载

图5.40 音符裙子

体，我们可以把它视为一种服装图案。音乐符号在服装设计中的应用主要体现在款式上面，中国古代的“白衣”设计凸显清高人士的儒雅，“乌纱帽”“红顶”的设计则展示出朝堂的威仪感。现代服装设计中常采用无领或者V领的设计，领口低开的无领设计可以充分凸显出颈部线条的修长，达到性感高贵的设计目标。这种外形的设计是依据古代音乐符号联想而来。

(3) 服装图案设计产生的听觉心理

听觉是声波作用于听觉器官，使其感受细胞兴奋并引起听神经的冲动发放传入信息，经各级听觉中枢分析后引起的感觉。“未见其人先闻其声”说明从声音上可以辨别人物性格，区分人与人的不同。听觉对节奏最敏感，服装的装饰图案会产生一定的节奏感，对于服装图案设计而言，节奏主要体现在点、线、面三者之间的构成形式上，如直线和曲线的变换会使服装设计产生一定的节奏感和韵律感，强化和突出服装的造型特征。

鸣笛的水壶，在壶嘴处添加了一只小鸟形状的喇叭，开水烧开时，小鸟便开始鸣叫了。这个设计很好地将设计的功能与美感相结合，是一种有温度的设计。社会现实折射出的意识流或精神流的音乐艺术进行规范和塑造。每个时代所发生的事，都在音乐上有一定的体现，作曲家凭着自身对音乐艺术的敏感和对社会的热忱从事音乐创作。将音乐作为指引来凸显每个时期的服装图案运用，而这些图案都恰到好处地体现出时代之声。

5.8.4 触觉在服装设计中的表现

(1) 服装面料的肌理

材料的肌理以及其特性对触觉的影响千变万化，不同的材质往往给人们不同的心理暗示。树叶裙子就是典型代表，如图5.41所示。再如棉布裙子，棉布是各类棉纺织品的总称。棉布轻松保暖，柔和贴身、吸湿性、透气性甚佳，摸起来舒适柔软，给人温暖的感觉。麻布，是以大麻、亚麻、苎麻、黄麻、剑麻、蕉麻等各种麻类植物纤维制成的一种布料。它的优点是强度极高、吸湿、导热、透气性甚佳。它的缺点则是穿着不甚舒适，外观较为粗糙，生硬。呢绒，又叫毛料，它是对用各类羊毛、羊绒织成的织物的泛称。它通常适用以制作礼服、西装、大衣等正规、高档的服装。它的优点是防皱

图5.41　树叶裙子

耐磨，手感柔软，高雅挺括，富有弹性，保暖性强。它的缺点主要是洗涤较为困难，不大适用于制作夏装。给人一种暖和的感觉。皮革，是经过鞣制而成的动物毛皮面料。它多用以制作时装、冬装。又可以分为两类：一是革皮，即经过去毛处理的皮革；二是裘皮，即处理过的连皮带毛的皮革。它的优点是轻盈保暖，给人一种雍容华贵之感。化纤，是化学纤维的简称。它是利用高分子化合物为原料制作而成的纤维的纺织品。通常它分为人工纤维与合成纤维两大类。它们共同的优点是色彩鲜艳、质地柔软、悬垂挺括、滑爽舒适。它们的缺点则是耐磨性、耐热性、吸湿性、透气性较差，遇热容易变形，容易产生静电。总体给人一种轻柔的感觉。混纺，是将天然纤维与化学纤维按照一定的比例，混合纺织而成的织物，可用来制作各种服装。它的长处，是既吸收了棉、麻、丝、毛和化纤各自的优点，又尽可能地避免了它们各自的缺点。

(2) 肌理制作手法应用

触觉是接触、滑动、压觉等机械刺激的总称。不同材料的质感带来不同的触感，就如同美国建筑师赖特说的："每一种材料都有自己的语言，每一种材料都有自己的故事"。当我们走进宜家家居时，会发现许多产品充满生活化气息，摸上去感觉柔软、亲切、舒适。腾讯微博"吹一吹"的功能也充满了人性化和趣味性，只要你对着手机屏幕下面话筒的位置吹一口气，或是接触到屏幕上的蒲公英，它那毛茸茸的白色种子便会悄然散开，带你穿越到地球的各个角落，体验世界各地的风景，让手机屏幕带给你视觉上的翱翔。网易邮箱"倒邮件"的这个功能，可以将曾经发送的邮件像倒存钱罐的硬币一样，晃动手机便可以摇出来。让你在摇的同时体会到其中的乐趣，就像腾讯空间的"漂流瓶"游戏一样，带有随机感的同时又充满回忆感。

5.8.5 嗅觉在服装设计中的应用

嗅觉带给人的印象在记忆中保留最为持久。所以即使在一个人失意的时候通过熟悉的气味，能够唤起脑海中对这个气味所发生场景的印象，从而唤醒记忆中存留的那一部分。服装是设计艺术的一种表达方式或表达媒介，在中国古代，熏香被应用于服装，而现在香水已经成为时尚界的宠儿。如何将香料应用到服装面料设计当中，让其从生产的最初就带有设计者的醇香？将嗅觉元素与服装设计进行结合，能够将个人的回忆用服装这种实体媒介作为传承，从而充满情感。现在服装设计中的复古风范打造一种古典美的同时记忆了人们对古代文化的一种传承。

总之，从视觉、听觉、触觉、嗅觉等几个方面探讨设计心理在服装设计中的应用，从丰富的配色、舒适的面料等多方面的关注进行表达，使服装更有吸引力，同时更直接、迅速地传递多元化的信息。

通过学习"设计心理学应用"使大家了解设计心理学应用的基本理论，设计心理学是系统性分析消费者心理的理论学说，它对于现代设计的完善有着十分重要的作用，可以有效地根据市场需求来调整设计的方向，也能够最大化的提升消费者使用产品的满意程度。

在我国当前的现代设计高速的发展中，设计心理学在各种专业领域中得到应用，并相应的形成了应用体系，也在进一步的逐渐完善和发展。所以设计心理学必然会发挥更为重要的作用。

习　题

1. 填空题

（1）在设计心理学中，变量的因素包括________和________，它虽然是工业产品设计专业的理论课程，但是建立在心理学基础上。

（2）________的造型可以给消费者最直观的体验，而且造型的材质、形状和色彩等能够影响到消费者的心理层面。

（3）________是影响人心理活动及变化的重要因素，由于人大部分时间都是在室内度过，在不同的室内环境中人的心理和行为受到不同的影响。

（4）________是通过视觉系统的外周感觉器官接受外界环境中一定波长范围内的电磁波刺激，经中枢有关部分进行编码加工和分析后获得的主观感觉。

（5）________是指人在最初要首先满足衣食住行，因为这些是人的基本需求，是推动人向前发展的首要动力，如果一个人在吃不饱、穿不暖的情况下就不会考虑更长远的事情。

（6）________对现代视觉传达设计的启示主要体现在其对设计形态的影响上。形态是设计的第一要素，对于设计师而言，对形态的理解与把握尤为重要。

（7）________是视觉传达设计的情感表现的一个特点，设计师通过对设计作品“情感化”因素的注入，赋予的心理情感是不可测量和量化的，而是需要靠人的心灵去感受和体验的。

（8）________是接触、滑动、压觉等机械刺激的总称。不同材料的质感带来不同的触感。

2. 选择题

（1）________是使画面中各个元素之间能够很好的相互联系与配合，从而带给观众一种画面内容相互呼应、和谐统一的心理感受。

A. 设计心理　　B. 呼应心理　　C. 和谐心理　　D. 关联心理

（2）由美国的心理学家亚伯拉罕•马斯洛在 1943 年的论文里提出的。是指人在生活中，从最基本的生存需求一直到生活最高层次的阶梯过程中的心理需求。主要包括________、________、________和自我实现需求。

A. 生理需求　　B. 安全需求　　C. 社交需求　　D. 尊重需求

（3）________是指人在满足生存要素之后提升安全心理要素的阶段。用户在使用手机 App 时最害怕隐私泄露和金钱丢失。

A. 个性需求　　B. 安全需求　　C. 心理需求　　D. 安成就需求

（4）________是马斯洛需求层次的最高层次，自己有独立的解决问题能力，做自己适合做的事情，通过成为自己想成为的样子获得快乐。

A. 安全需求　　B. 自我实现需求　　C. 心理需求　　D. 自尊需求

（5）________是一个细化的分类，主要是指外界影像通过视觉器官引起的心理机理反应，是一个由外在向内在的过程，这一过程比较复杂，因为外界影像丰富，内心心理机能复杂，两者在相互连接并发生转化时建立起了千丝万缕的联系，因此不同的人不同影像，相同的人相同的影像以及不同的人相同的影像和相同的人不同的影像产生的心理反应是不同的。

A. 嗅觉心理学　B. 听觉心理学　C. 触觉心理学　D. 视觉心理学

(6)＿＿＿＿指以印染、刺绣、提花、钉缀等各种手段在服装表面形成的抽象的或是具象的，具有形式美感的装饰符号。

A. 图案色彩　B. 图案元素　C. 图案手法　D. 图案构成

3. 思考题

(1) 工业产品设计中应用设计心理学的措施有哪些？

(2) 简述影视动画画面构图的特点？

(3) 试论格式塔心理学在微信中的运用原则？

(4) 试论费茨定律是如何在微信中应用的？

(5) 简述设计心理学在服装设计中的应用要点？

参考文献

[1] 张宁．试论设计心理学在工业产品设计中的应用［J］．工业设计，2018（8）：123-124.

[2] 刘哲军，杨贤传．试析设计心理学在室内设计中的应用［J］．西昌学院学报（自然科学版），2018，32（1）：42-44.

[3] 郑红丽．设计心理学实验方法研究［D］．南京：南京艺术学院，2016.

[4] 胡熔，欧阳娴．设计心理学在儿童饮料食品包装设计中的应用研究［J］．大众文艺，2017（15）．

[5] 王珊．浅析设计心理学在影视动画画面和色彩中的应用［J］．大众文艺，2018，432（06）：100.

[6] 吴香君，张玉花，张艺潇．设计心理学在微信中的应用［J］．设计，2018，298（19）：141-143.

[7] 杜艳春．设计心理学在信息交互设计中的应用［J］．中国包装，2018，252（08）：50-52.

[8] 刘伟，朱燕丛．设计心理学在医疗健康领域中的应用实践［C］//第二十届全国心理学学术会议：心理学与国民心理健康．2017.

[9] 惠恭健，刘晓颖．教学视频设计策略研究：基于网络科普微视频的启示［J］．当代教育科学，2016（12）：35-37.

[10] 唐纳德•A. 诺曼．设计心理学：情感化设计［M］．何笑梅，等译．北京：中信出版社，2015.

[11] 柳沙．设计心理学．2 版［M］．上海：上海人民美术出版社，2012.

[12] 娜塔莉•纳海．UI 设计心理学［M］．北京：中国人民大学出版社，2019.

[13] 周承君，赵世峰．设计心理学与用户体验［M］．北京：化学工业出版社，2019.

[14] 余强，杨万豪．艺术设计心理学［M］．重庆：西南师范大学出版社，2017.

[15] 田蕴．设计心理学［M］．北京：电子工业出版社，2013.

[16] 章志光．心理学［M］．北京：人民教育出版社，2015.

[17] 腾守尧．审美心理描述［M］．成都：四川人民出版社，1998.

[18] 洪琳燕．环境知觉体验及其在城市公园设计中的应用研究［D］．北京：北京林业大学，2006.

[19] 杨晶晶，陶冶．《设计心理学》课程改革初探［J］．大家，2012（12）：162.

[20] 郑建鹏，齐立稳．设计心理学［M］．武汉：武汉大学出版社，2016.

[21] 余蓉，黄琳妍．设计心理学［M］．北京：中国青年出版社，2015.

[22] 黄文静．设计心理学［M］．重庆：西南师范大学出版社，2014.

[23] 戴力农．设计心理学［M］．北京：中国林业出版社，2014.

[24] 陈叶，周红生．设计心理学［M］．合肥：安徽美术出版社，2013.

[25] 田蕴，毛斌，王馥琴．设计心理学［M］．北京：电子工业出版社，2013.

[26] 辛路娟．基于工业设计心理学的家庭视听系统和逸性研究［D］．西安：西安建筑科技大

学，2011.
[27] 张畅．室内环境空间的心理影响初探［J］．大众文艺，2012（1）：76.
[28] 许绍璐．感知觉在室内设计中的应用研究［D］．齐齐哈尔：齐齐哈尔大学，2012.
[29] 张晓晨．基于设计心理学视角下艺术作品在室内设计中的表达［J］．西部皮革，2019（2）：28.
[30] 许志丹，罗晓．设计心理学在室内设计中的应用［J］．西部皮革，2019（2）：37.
[31] 丁铮．室内环境艺术设计中的人性关怀：从室内设计心理学的重要性谈起［J］．福建农林大学学报（哲学社会科学版），2004，7（2）
[32] 张青青，张丽娜．室内设计与心理学的关系［J］．美术大观，2017（9）：102-103.
[33] 吴香君，张玉花，张艺潇．设计心理学在微信中的应用［J］．交互，2018（10）：139-141.
[34] 李黎．视觉语言在微信界面设计中的应用研究［D］．重庆：重庆师范大学，2016.
[35] 杨金鑫．微信公众号在现代教学中的应用研究：以汽车消费心理学课程教学为例［J］．安徽职业技术学院学报，2017，16（2）：72-74.
[36] 贾从源．自媒体在初中心理健康教育中的应用［D］．锦州：渤海大学，2017.
[37] 李雪纯．趣味性设计在儿童食品包装设计中的应用［J］．大众文艺，2018，434（08）：128-129.
[38] 胡熔，欧阳娴．设计心理学在儿童饮料食品包装设计中的应用研究［J］．大众文艺，2017（15）：103.
[39] 胡祎琳．趣味与实用性在儿童食品包装设计中的应用［J］．建材与装饰，2018，540（31）：87-88.